阅读成就思想……

Read to Achieve

Winning The Brain Game

Fixing The 7 Fatal Flaws of Thinking

思维病

跳出
思考陷阱的
七个良方

[美] 马修 · E. 梅（Matthew E. May）—— 著
粟志敏 —— 译

中国人民大学出版社
· 北京 ·

图书在版编目（CIP）数据

思维病 : 跳出思考陷阱的七个良方 /（美）马修·
E.梅（Matthew E. May）著 ; 粟志敏译. -- 北京 : 中
国人民大学出版社，2021.3
　ISBN 978-7-300-28865-9

Ⅰ. ①思… Ⅱ. ①马… ②粟… Ⅲ. ①思维方法－通
俗读物 Ⅳ. ①B804-49

中国版本图书馆CIP数据核字(2021)第004479号

思维病：跳出思考陷阱的七个良方

［美］马修·E.梅（Matthew E. May）　著

粟志敏　译

Siweibing：Tiaochu Sikao Xianjing de Qi Ge Liangfang

出版发行	中国人民大学出版社	
社　　址	北京中关村大街31号	**邮政编码**　100080
电　　话	010-62511242（总编室）	010-62511770（质管部）
	010-82501766（邮购部）	010-62514148（门市部）
	010-62515195（发行公司）	010-62515275（盗版举报）
网　　址	http：//www.crup.com.cn	
经　　销	新华书店	
印　　刷	北京联兴盛业印刷股份有限公司	
规　　格	148mm×210mm　32开本	**版　次** 2021年3月第1版
印　　张	5.75　插页2	**印　次** 2021年3月第1次印刷
字　　数	129 000	**定　价** 59.00元

本书赞誉

在这个时代，各行各业都在被颠覆，快速敏捷的试验正在变成主流。每一位领导者都在思考："我会位于等式的哪一边呢？"在阅读《思维病》一书时，读者们会马上认识到，要想站在等式中赢的那一边，唯一的限制来自自己的思维模式和方法。马修指出了七个致命性思维缺陷，他介绍的对策都经过了实践验证，切实可行。任何创新者、商业领导者或问题解决者都应该读一读这本书。

布拉德·史密斯（Brad Smith），财捷公司（Intuit）董事长兼首席执行官

将过去成功的方法用到现在很可能会遭遇失败。在《思维病》一书中，马修巧妙地介绍了新的思考方法，探讨了神经科学的新发现，为大家呈现了改变问题解决方法的实用策略。本书很好地解决了传统思维方式中的种种缺陷，是一部真正的突破性著作。

马歇尔·古德史密斯（Marshall Goldsmith），Thinkers50 思想实验室领导者

《思维病》这本书堪称珍品！马修以多种研究为基础，来指导我们创造性地解决问题。这些指导相当实用，也颇为有趣。

尼尔·埃亚尔（Nir Eyal），《上瘾》（Hooked）的作者

在《思维病》一书中，马修巧妙地结合了一流科学家和心理学家的研究成果，并结合自己在设计思维方面数十年的经验，从概念上对解决问题进行了精彩的反思。我建议设计师和市场营销人员（不管是学生还是专业人士）都好好地读一下这本书并付诸实践。就我个人而言，我真心希望自己在30年前就能看到这本书，那么我可能就不会像现在这样一头白发了。

林顿·里德（Lindon Leader），设计师

马修就像是电影《龙威小子》（The Karate Kid）里的宫城先生（Mr. Miyagi），他懂得如何挖掘创造性思维的潜能。好消息是，我们可以自己操纵开关，解锁内心的创造力潜力。这些原则都是有科学依据的。

彼得·西姆斯（Peter Sims），Parliament公司创始人

真希望我能写出这样一本书！马修聪明睿智，见解深刻，而且他给出的建议切实可行。这本《思维病》充分解释了为什么我们是自身最大的敌人！

斯蒂芬·夏皮罗（Stephen Shapiro），作家

你想改善自身的创新思维吗？《思维病》不只是一本书，它还是一个工具箱，里面有超级实用的技巧和秘诀。这本书将帮助你提升找

到绝妙解决方案的能力。

迭戈·罗德里格斯（Diego Rodriguez），

IDEO 公司合伙人、Metacool 创造者

在《思维病》这本精彩的书中，马修会告诉我们如何消除思维上的 7 个毛病，从而拥有更清醒的思考能力。从丰田的工厂到洛杉矶警察局的拆弹专家，马修让我们看到了如何利用科学来解决自己最大的难题。

什洛莫·贝纳茨（Shlomo Benartzi），行为经济学家

马修的这本《思维病》让我想起了厄玛·龙鲍尔（Irma Rombauer）挚爱的《厨艺之乐》（*Joy of Cooking*）一书。但这本书里没有食谱，马修提供的是消除思维病的策略。

约翰·前田（John Maeda），凯鹏华盈公司合伙人

世界上的每位政客都应该好好读一读《思维病》这本书，而且是马上去读。

盖伊·川崎，Canva 公司首席宣传官

创新者会从不同的角度进行思考。在《思维病》一书中，马修指出了七种导致人们不能充分发挥创造力的思考方式，并且介绍了如何像创新者一样思考。

大卫·布尔库什（David Burkus），作家

致 谢

Winning the Brain Game
Fixing The 7 Fatal Flaws of Thinking

这本书差点就难产了，原因在于我自己思维上的一些缺陷。我在一定程度上说服自己相信，这个世界上多数人已经没有时间或者兴趣读书了，而且多数人早已被各种信息噪音淹没，再多一本书只能加速其被吞噬的速度。说得好听一点，我这是陷入了自我怀疑。英明的约翰·韦利格（John Willig）既是我的支持者，也是我的经纪人。他努力说服了我，让我相信自己的想法是错误的，并且愿意试一试。麦格劳－希尔集团优秀的编辑诺克斯·休斯顿（Knox Huston）也助了约翰一臂之力。非常感谢他们激励我去奉行自己所宣传的内容，从另一个角度来看问题，从而得出绝妙的答案。我为这本小书感到自豪，我觉得它是我最精彩的作品之一。在 10 年的作者生涯中，我第一次写了一本集趣味性和实用性于一体的书。它适合于各行各业的读者。这点太棒了！谢谢你们。

关于本书的内容，我也要特别感谢几位思维合作者。他们不仅在我写书的过程中给予我专业技术上的帮助和建议，而且在过去数年里一直给予我指导和指引。我非常有幸能同全球最知名的思想领袖们远距离共事。《思维病》一书已经集中展现了其中数位领袖的聪明睿智。

多谢杰弗里·施瓦兹（Jeffrey Schwartz）博士的帮助，使我能清楚地区分"大脑"（brain）和"思维"（mind），并对神经科学的相关问题进行了提炼和解密。杰弗里是我多年的同事和顾问，他善于帮助人们解锁大脑。

如何区分潜在假设的细微美别？如何吸引所谓的"对立思维"？在这个方面，我得到了罗杰·马丁（Roger Martin）的帮助。他是罗特曼商学院（The Rotman School）的荣誉院长，也是 Thinkers50 思想实验室杰出的的领导者。五年来，罗杰一直是我的导师，也是我的合作者。在此，我对他表示感谢。

在专业好奇心、不断进行试验以及"玩中学"方面，我也要谢谢麻省理工学院（MIT）的迈克尔·施拉格（Michael Schrage），他是一个坚持不懈的"破坏分子"。当你觉得自己懂点什么时，迈克尔就会发挥他那可怕的能力，一针见血地提出问题，让你知道其实自己并不懂。

最后，我还想谢谢留心观察一切的埃伦·兰格（Ellen Langer）。她和我待了一段时间，大方地同我分享了一个我此前从未听说过或看到过的故事。

如果你喜欢《思维病》这本书，那都是因为有这些人的帮助。因为他们的热心帮助，这本书才能到达诸位的手中。

序言

完美思考到底存不存在

你不仅必须懂得游戏规则，而且必须比其他人都玩得好。

阿尔伯特·爱因斯坦

如果有人交给你一个难题，让你马上解答出来，你会怎么做呢？你会不会开始思考呢？你是否会手摸着下巴，微微仰头盯着右上方，眉头紧锁，双肩轻耸，几分钟后在空中挥舞着双手，宣布这个问题无解？你是否会在自己的记忆库中不停地搜索，想着自己或其他人在过去是否解答过类似的问题，可惜最终一无所得，于是又开始在谷歌上搜索，看是否能找到他人的解决记录和解决方法？或者你是否会本能地立即开始联合其他人进行头脑风暴，让大家直截了当地说出他们一下子就想到的点子，希望其中某些点子能够解决问题？或者你会微笑地放弃，承认自己毫无头绪，并且请对方告诉自己答案，然后认真地倾听，听完后再拍一下自己的脑袋，大叫："啊哈！原来如此！我怎么没想到呢？"又或者你会突然灵感迸发，一下子就找到了答案，然后再反思一下，无意识地认为自己的答案太过简单，明显不是一个好答案，于是主动扼杀了一个出色的点子？

我没法判断你会有以上何种反应，因为我不认识你。但你的反应肯定是以上的某一种。事实上，你可能今天就遇到过这种事情。与此同时，那个讨厌的问题还没有得到解决。不过，事情并不一定要这样发展。我希望这本书能和那些精心设计且久经验证的工具一起，指导大家如何使用自己的思维，赢得大脑游戏——也就是大脑固有的那些模式，防止思维内卷。这些固有模式虽然能够让我们有效地解决日常问题，快速地应对各种情况，但在我们想要细细思考时，它们又会变成一些陷阱。利用思维来解决问题，这就是大脑游戏（也就是大脑和思维的区别）。

10多年前，我曾经在丰田公司位于美国的企业大学担任专业引导师，当时无意间注意到了这些思维模式。我们根据真实的故事场景设置了一些思维挑战，并且在原则式问题解决课程（Principled Problem-Solving）上使用这些挑战来进行破冰游戏。让我们颇为惊讶的是，首先，很多人面对挑战都以失败告终；其次，他们得出的答案相当冗长烦琐；最后，也是最重要的是他们的思维模式和行为模式存在重复性。

在工作八年之后，我离开了丰田公司，但在全球各地的研讨会、讲习班和演讲互动中，我依然坚持使用来自现实世界的类似思维挑战。不管在什么地方，也不管我问的对象是谁，结果都惊人地相似。截至现在，我已经同10万余人进行过这些思维练习。在过去30年里，我在大脑和思维方面有许多发现，并且著书来阐述自己的发现。尽管如此，我现在还是能发现人们在思考时会冒出那些模式。我收集了大量证据，所有这些证据都指向七大可以观察的行为，也就是我所称的致命性思维缺陷或者思维病。如果对这些缺陷不加以遏制，我们可能就永远无法解决根本性问题。

我承认，我从未想过要进行长期研究，因为我既不是科学家，也不是学者。学者们会在理论框架下提出一些建议，而我更善于充分应用所有这些精彩的科学发现，将它们付诸实践，看看学者们的建议在现实世界里是否真的有用。从这个角度来说，我不是就时间理论进行说教的哲学家，而是更像一名钟表匠，小心翼翼地在手表上安装着齿轮。

我不打算深入研究大脑内部错综复杂的工作原理，也不想去探讨关于意识和认知的前沿科学，当然，我也不具备这方面的知识和能力。许多书籍和文章中提到的大脑的多个组成部分，我甚至都不会正确发音。此外，从20世纪初期的格式塔心理学家到现在使用功能性磁共振成像的认知神经科学家，他们的工作已经很好地涵盖了大脑科学的领域，而且有大量书籍和文章都可以查阅到相关内容。我所关心的是如何管理我们自己最大的资产——我们的思维，充分利用它来赢得大脑游戏，突破思维缺陷。因此，我只是简单地将所有相关的精彩见解和观念汇集在一起，并加以整理，这或许对所有人来说都是最好的做法。

我也不打算深入钻研创造力以及如何创造性地解决问题，这个范围过于宽泛。我更感兴趣的是如何来消除毛病，让人们可以时不时地展现出自己天生的创造性思维。我知道，人们是可以做到的。因此，本书更像是一本维修手册，旨在帮助大家战胜七大致命性思维缺陷。如果我能够改变这个世界的某个方面，那就是这个了。这是我写这本小书时的雄心壮志。马尔科姆·格拉德威尔（Malcolm Gladwell）曾经说过，小东西也能带来大变化。如果他说得没错，那么我就可能有这个机会。

当然，问题在于如何抓住这个机会呢？首先，要让尽可能多的读者了解这些缺陷，因此我需要大家的帮助。其次，要揭露是哪些原因导致了这些缺陷广泛存在。我非常幸运，曾经与一些最著名的心理学家和神经系统科学家共事过。我从他们那里了解到大脑和思维之间存在明显的区别。大脑是被动的硬件，会吸收经验；思维是主动的软件，会引导我们的注意力。但思维并非普通的软件，它是一款智能软件，可以对硬件进行重新布线。几十年前说这番话时我还没那么自信，但现代科学还真是了不起。

最后，我要给大家介绍七大对策，也就是我和其他同事共同开发的工具和技巧。我在工作中发现，这些都是最有效和最实用的方法，不仅可以克服致命性思维缺陷，而且能在大脑内建立起新的神经连接。

我希望大家能时刻牢记一些简单的原则：

- 表面看似问题的事情不是问题；
- 表面看似答案的事情不是答案；
- 表面看似不可能的事情也不是不可能。

我花了 30 年的时间来帮助和指导个人与团队去迎接自己最重要的挑战，并在这个过程中积累了大量经验和教训。《思维病》这本书浓缩了我 30 年的经验和教训，内容简要精炼，易懂好用。为了不断地提高他人和我自己的思考能力，我对数万人进行了观察，在这一过程中，我综合了知名科学家、学者和战略家的思想，尝试了数百种原创和借鉴的技巧，也犯过数百个错误。我的目标就是帮助大家做完所有工作，减轻大家的负担。

虽然我无法给予大家完美的思考方式，但我认为追求完美的思考方式实际上很重要。

引言
人人都有思维病

我们不能用提出问题的思维来解决问题。

阿尔伯特·爱因斯坦

我坐在美国加州南部一栋 8 层大楼的顶层会议室里，身边是 12 位来自洛杉矶警察局的拆弹专家。他们个个经验丰富，都是精挑细选出来的专家，聚集到这里为的是解决一个复杂的挑战，即找到新方法来应对新时代恐怖主义的炸弹威胁。他们此前在肯塔基州的同一家机构接受过培训，该机构负责为美国的所有拆弹专家进行培训，不管他们是来自军方还是准军事部队。

要解决的问题再邪恶不过了：如何应对高致命性简易爆炸装置带来的不断变化的，甚至可能是灾难的情况呢？这些简易爆炸装置会给公共场所造成巨大的破坏和伤亡。

当前的方法已无法取得理想的效果，因为已经出现了新型恐怖主义。这种恐怖主义行动难以预料，变化不定，常常无领导、无组织，完全不遵循传统的战争规则、逻辑或理性，而且丝毫不会因杀戮平民而感到良心受到谴责，也根本不在乎自己的性命。

我非常高兴能应邀担任之后两天培训的主持人。两天的培训结束后，参与人员将向洛杉矶警察局高级反恐指挥官介绍他们最终的解决方案。同过去和其他任何团队在任何场景时一样，我感到紧张不安。

洛杉矶警察局高级反恐指挥官是整个警察局里薪水最高的警官，也是那些面对炸弹需要剪断正确电线的人。这份工作要求他们快速进行思考，快速读取信息，快速进行决策，也要快速采取行动。在进行所有这些工作时，他们常常面对着他们此前从未见过的情形，背负着巨大的压力。他们常常必须在瞬间临时开展工作。他们在现场根本没有多少时间进行深入思考。

总体而言，他们都是行动型的人。他们从事的工作极具挑战性，现在却被要求和一些普通老百姓在一起进行头脑风暴，而且对方明显缺乏相关的经验或专业技能，这显然是他们不喜欢的事情。他们不是自愿来参加的，他们更愿意去追捕坏人，去保护这个世界，不让那些邪恶的疯子们去伤害这个世界。我左边那位警官全副武装，他将自己的枪套和防暴用警棍取了下来，然后身子靠过来轻声对我说道："我来这里只是为了服从命令。"这种方式并没有让我稍感轻松一点。我可是手无寸铁呀。

空气中弥漫着些许不安、些许质疑，还有些许紧张的气氛。尽管我从未接受过排爆方面的培训，但我们现在的确需要排除房间里的"雷管"了。我当然无权对他们下达指令，但我又是整个过程的"管理者"。我不仅要制定大家参与的规则，而且要在这个过程中让大家保持开放的心态，鼓励大家进行发散性思考，因为这些都是必需的。时髦的"搞定"思维没有用。

在相互认识的阶段，我请所有自认为是解决问题的高手的人举手。所有人都举了手。这一点并不意外，炸弹就是问题，而解决问题对他们来说是家常便饭。我请他们将手高高举起。尽管他们有些狐疑，但还是照做了。我接着提问，请那些认为自己特别善于学习的人再举起另一只手。结果还是一样的，所有人都举起了另一只手。12位洛杉矶警察局的警官们现在两只手都举了起来。我忍不住说："真希望我现在有个相机能拍下这一幕。"有人咧着嘴笑，有人叹气抱怨，有人在翻白眼，还有人在偷笑。接着，我请那些认为自己是真正的创新者的警官继续举着手不要放下来。结果人人都放下了双手。没有一个人认为自己是创新者。一个都没有。

我之所以问这个问题，不是为了打击大家的信心，而是想要改变大家的思维模式。我告诉大家，从实际角度出发，创新者、解决问题者和真正的学习者（可以真正创造出新的知识）都遵循着同样的循环过程，即提问、表述、假设、形成概念、测试和反思。因此，我现在将这些人都称为创新者。

也许破冰取得了效果，但僵局并没有被完全打开。他们都习惯于有个搭档，两个人密切合作，所以我将他们分成了六对，让他们快速解决两个思维挑战，其中一个是基于现实问题，涉及一种他们非常熟悉的东西，即遵纪守法。但这个问题要比他们在工作中遇到的问题简单得多。

我此前认为洛杉矶警察局的拆弹专家们会像我遇到的其他人一样，面对这类挑战时会采用同样的方式来应对，很可能也无法解决问题。

思维挑战 ①

　　假设你现在拥有一家豪华的健身会所。该会所向会员们提供特别服务，40个淋浴隔间（男女各20个）里都配备了一瓶特别昂贵的（50美元）洗发水。这款洗发水只在美容美发产品零售店里销售，仅面向获得执照的美发师，而且只能在美发店里使用。顾客们非常喜欢这种洗发水，对这项会员待遇大为赞赏。遗憾的是，这些洗发水总是会从淋浴间里消失。事实上，它的失窃率达到了33%，这大幅提高了会所的成本，更不用说当会员们伸手去拿洗发水时却发现瓶子不见后心情有多糟糕。会所员工常常不得不去处理那些"诚实"会员们的投诉。你尝试了各种方法来解决这个问题，例如贴提醒告示、罚款以及提供奖励来力争减少偷窃现象，但收效甚微。会所的前台工作人甚至会为了微薄的利润而出售这些洗发水。

　　会所所有的员工都是小时制的。你决定请他们来协助解决这个问题，并且提出了几个毫无商量余地的条件：解决方案必须能彻底消除偷窃现象；不能通过停止或限制供应当前的洗发水来解决问题（必须保持每个淋浴隔间有一满瓶当前品牌的洗发水）；任何解决方案的成本都必须极为低廉，或者最好没有成本；不得给会员们增加负担；解决方案必须非常容易实施，不会影响到会所的日常运营。

　　你告诉员工们，他们可以充分发挥自己的创造力，随便怎么做，前提是必须满足上面的所有条件。

---

① 本问题根据洛杉矶地区一家健身会所的真实案例编写。我将这个故事改成了一项思维挑战。

我向这群拆弹专家们重申了一遍，他们可以充分发挥自己的创造力，提出任何一种解决方案，不管多么疯狂都可以，但不得违反上述条件。最终，其他同事会分析这些解决方案是否符合上述条件，并给他们的解决方案打分。因为他们平时工作时都要争分夺秒，所以我只给了他们五分钟的时间来提出自己的创意。事实上，那些会所的兼职员工最终漂亮地解决了这个问题。我希望这些拆弹专家们能够向他们发起挑战。我也给这场游戏加了一点风险元素，宣布解决方案最出色的小组可以得到一份特别的礼物。现在，友好的竞赛开始了。

在丰田大学的创造性解决问题研讨会上，我也曾使用过这个练习，不过采用的是另一个版本①。在几个月内，我对数百名参与者进行了观察，逐渐发现了一些有趣的思维模式。我喜欢这些类型的挑战，这是有多方面的原因的。第一，它们都是基于非常现实的商业问题的，而且如上所述，相对于那些工作中的日常问题而言，这些问题要简单许多。第二，这类问题很可能会让人们尝试许多事情，导致他们无法以最低的成本来解决问题，力争取得最佳的效果。多年来，我一直在用这个挑战来简要地说明什么叫绝妙的解决方案。

绝妙的解决方案

能以最低的成本取得最佳效果的解决方案。

尝试一下这个思维练习吧。将书本放下，然后思考一下各种可能

---

① 我将在本书后面同大家分享该练习的另一个版本。

性。我甚至可以把时间翻倍，给你 10 分钟的时间。你也可以去向他人求助，有些人更喜欢合作。简要记录下你的想法，选择其中最出色的一个，然后再继续阅读本书。

真的，试试吧。我等着。这样做了后，本书其余的内容将会更有意义。

回来了？怎么样？你觉得自己想到绝妙的解决方案了吗？如果你同 95% 回答这个问题的人（包括洛杉矶警察局的那些拆弹专家们）一样，那么你肯定已经想到了好多个办法。

以下是几种最常见的解决方案：

- 将洗发水瓶子放在前台，进出时领用和退还；
- 招聘一位更衣室服务生，在会员使用淋浴间之前和之后进行检查；
- 在淋浴隔间里放置旅行尺寸的瓶子；
- 安装摄像头；
- 制订忠诚计划，为记录清白的会员提供一瓶免费的洗发水；
- 在每个淋浴隔间里安装一个可锁住的、顶部按压的洗发水分配器；
- 在出口安排一位健身包检查人员；
- 不再为沐浴隔间提供洗发水；
- 针对洗发水单独收费；
- 以成本价出售洗发水；
- "要犯通缉名单"：公布偷窃者的照片和姓名；
- 将洗发水瓶子用链子锁在墙上；
- 用没有品牌标识的瓶子来装洗发水；
- 在淋浴隔间张贴"禁止带走洗发水"的标志；

- 前台提供免费的洗发水样品；
- 招聘淋浴室保安；
- 将瓶子侧面靠近顶部的位置刺穿；
- 安装射频识别装置（RFID）；
- 将偷窃损失视为经营成本之一；
- 时刻将瓶内的洗发水量控制在近乎空瓶的程度。

遗憾的是，所有这些解决方案都违反了一条或多条强制性条件，当然有些违反的条件更多。会所员工们想到的绝妙的解决方案根本不是这样的，我会在稍后进行介绍。

七个思维病及其对策

每次看着大家面对这个挑战绞尽脑汁时，我都惊诧于人们竟然会那么容易陷入同样的思维模式陷阱里，一再地表现出同样的行为。拆弹专家们的情况并没有让我感到意外。

科学界为这些行为贴上了一系列复杂的标签，取了很多名字。除此之外，还有一系列其他的模式。但我打算简化一下这些模式，它们就是致命的思维缺陷。巧合的是，这种缺陷正好是七种！每个缺陷都有可能扼杀掉伟大的创意，导致绝妙的解决方案流产。

1. 思维跳跃

在观察洛杉矶警察局拆弹专家们试图解决那个问题时，我注意到他们立马就开始滔滔不绝地说自己的解决方案。他们几乎把所有的时间都花在了头脑风暴上。用设计师喜欢的词来说，就是形成概念（这真是一个可怕的词语，我讨厌它）。让我觉得颇为好奇的是，他们几乎是严格采用当初接受训练时所培养的、自己拿手的方式，即首先收集事实情况，然后加以综合，进行犯罪推理，分析背后动机，接着再来解决问题。夏洛克·福尔摩斯肯定喜欢这样。他曾经直截了当地向华生建议说："在了解事实情况之前就进行推理，真是大错特错。人们会不自觉地开始扭曲事实以符合推理，而不是根据事实来进行推理。"事实上，他们几乎完全忽视了要去讨论人们为什么会偷窃洗发水。

此外，大家基本上都忽略了挑战中的那些设定条件。我注意到人们似乎更容易"突破条条框框"去思考，而不是在这些限制条件之内进行思考。或者说，至少这种情况更常见。这并不是什么好事。

立即或本能地直接跳到解决方案，这是大脑下意识的反应。面对不太熟悉的复杂问题时，这种做法绝对不可能帮助你找到绝妙的解决方案，因为你没有花足够多的时间去正确定义问题。在这个思维练习中，我列出了现实情况和限制性条件，似乎要为理想的结果描绘出一幅画面。但事实上，我并没有对问题本身进行具体定义。我希望能够将这项工作交给洛杉矶警察局的拆弹专家和读者们。

也许你认为自己要解决的是不诚实的问题，这也是定义该挑战的一种方式。但这不是唯一的方式，也不是最佳的或最实用的方式，因为让小偷一下子从不诚实变为诚实，这种可能性为零。定义和再定义问题是一种艺术，而时机把握也是该艺术的一部分。思维跳跃的解决方法就是通过多种方式来定义问题。换言之，不要立马就急着给出答案，而是要马上提出问题，这就是边框风暴（framestorming）。

就本案例而言，关键在于要找出人们偷窃洗发水的原因。不诚实的确是一个方面，但太过抽象，很难去纠正。还有其他方面的原因，例如，可以轻松地拿到自己非常想要的东西。这瓶洗发水太过诱人，至少对会所三分之一的顾客而言是这样的。在懂得这点之后，你就能够定义问题了。你会集中思考如何让人们难以拿走洗发水瓶，既不产生成本，又不会增加其他人的不便。消除诱惑，也就完全消除了盗窃现象。

正确定义问题决定了是否能漂亮地解决问题。

2. 思维内卷

思维内卷即指思维固化，它是一个概括性术语，指一般性思维定式和线性思维，即我们喜欢选择的思维方式、盲区、范式、心理模式、偏见、心象地图和模式。所有这些能让我们更容易地应对日常生活中的各种情况，但也会让我们更加难以改变自己的认知。这个词语本身来自心理学家所说的"功能固着"。我们的大脑是一个让人惊奇的模式机器，各种经历会让大脑生成模式，久而久之就变成惯例，然后大脑就会识别并根据这些模式采取行动。遵循这些惯例可以让我们在日常生活中保持一定的效率。但问题也在于此：如果让大脑自己来工作，大脑就会固守这些模式，难以摆脱根深蒂固的记忆，从全新的角度去看问题。换言之，这些惯例会谨防大脑偏离方向。套用苹果公司的标语来说，就是大脑难以做出"非同凡想"的决策。

思维内卷和思维跳跃是相互关联的，属于硬币的两个面。如果你多花一点时间更好地定义问题，通常就可以避免陷入某种思维模式而难以自拔。在洗发水这个挑战中，你的大脑也许根本就没有想着去分解一下瓶子本身的图像。在你看来，瓶子有盖子，两者是不可分割的一体。

健身会所绝妙的解决方案是什么呢？它们将洗发水瓶的盖子去掉了。问题就这样被解决了。没有人会在自己的健身包里放上一瓶没有盖子的洗发水。

如果你认为这种解决方案会惹恼没有偷窃洗发水的那 67% 的顾客，那就正是你的思维内卷毛病在作祟。要防止思维内卷，就要进行逆向思考，那是设计师和艺术家所使用的多种创造性思维技巧的核心所在。艺术家和设计师会利用这些技巧来改变自己的思考角度，思考事物可能会变成什么样子，而不去看事物当前的现实情况。史蒂夫·乔布斯最著名的就是他的"现实扭曲场"（reality distortion field，RDF）。斯坦福大学工程学教授罗伯特·萨顿（Robert Sutton）常常会提到"vuja de"一词，它是"déjà vu"（似曾相识）的反义词①。萨顿在斯坦福的同事、创造力教授蒂娜·齐莉格（Tina Seelig）则提出，要想激发新思维，就要先了解当前的情况，然后从完全相反的方向去思考。TED Ideas 的编辑海伦·沃尔特斯（Helen Walters）认为，我们应该常常"跟正统思想唱反调"。

3. 想得过多

在思考方式上，思维跳跃的反面就是想得过多，这种行为被认为

---

① déjà vu 是似曾相识的感觉，而 vuja de 则完全相反，指本来应该熟悉的情景或事情突然就变得相当陌生。已故喜剧家乔治·卡林（George Carlin）开玩笑地造出了这个词语，形容它是"一种奇怪的感觉，感觉这一切从未发生过"。

是在创造从一开始就不存在的问题。想得过多就像是一个深桶，里面装满了大量关于一个主题的各种说法：过度分析、过度计划、常常增加不必要的成本和提高复杂程度，导致问题变得复杂。让我们来看看那些防止洗发水被偷窃的最常见的方法。你会注意到，许多方法都需要额外增加人力、财力、物力等。其中多数不仅违反了解决问题时的限定条件，同时还相当不切实际。我们通常会忽视特定问题最重要的局限条件，这也导致我们无法找到更绝妙的答案。

为什么我们会想得过多、过度分析，以及让问题复杂化呢？为什么我们会增加成本和加大复杂程度呢？最有趣的是，为什么我们会那么自然、那么本能或者（最让人头疼的是）那么始终如一地这样做呢？

一部分原因在于我们天生就是如此。人类在进化过程中，大脑被用来存储和收集信息。我们天生就是"添加"型的物种。在解决问题时，这种本能使得我们的第一反应就是提高复杂程度和增加成本。当我们认为问题相当复杂，必须进行更深入的思考、分析和计划时，这一点表现得尤为明显。我们常常听别人这样说："我可以解决这个问题，但需要更多的资金。"傻瓜都懂得花钱……不过，解决方案必须在所给予的资源范围之内去找。在试图解决这个思维挑战时，你又增加了哪些成本和复杂程度呢？

另一部分原因在于，没有可靠的方法能让我们把握住不确定性、风险、不受自身控制的外部力量，以及快速变化的环境，从而避开任何一种传统规划方法。要想更简单、安全、快速地、创造性地解决问题，就必须拥有儿童般的学习和试验能力，但我们已经失去了这种能力。麻省理工学院的商业实验硕士迈克尔·施拉格（Michael Schrage）称这种能力是"认真玩创新"（serious play），并且说："创新通常速度太慢，成本太高，过程太复杂，风险太大，太过死板和枯燥，而且数量太少，时间太晚。"施拉格甚至不喜欢"创新"这个词语，他更愿意将所有那些挑战行为称为"简单、快速和花费少的"试验，旨在揭示概念的可行性。

施拉格的观点没有错。任何概念在被实现之前，也就只能算猜测，或者是一系列猜测，需要进行测试。要解决想得过多的问题，简单的办法就是原型试验，也就是将原型设计和测试综合在一起。从基本草图到初稿，到最低功能的模型，到技术 A/B 测试，再到一系列战略选择的逆向工程设计，原型测试让我们可以切实地去梳理和寻找解决方案生成过程中的思维跳跃问题，快速地、低成本地组织简单的测试，从中进行学习。原型测试可以让我们对概念进行验证，以确定最初的概念是否值得进一步开发。

4. 满足于最低标准

人们更喜欢行动和实施，而非孵化。从本质上来说，我们都是满足型的人。这个词语是由诺贝尔奖得主赫伯特·西蒙（Herbert Simon）在他 1957 年的著作《人的模型》（*Models of Man*）中提出来的。我们喜欢容易的和显而易见的东西，不愿意再去寻找最佳的解决方案，以便在既定的目标和限制条件下解决问题。我们惯于妥协，选择局部最优化，即接受只能解决部分问题的方案，想着靠自身能力再往前推进。遗憾的是，当面对复杂的问题时，这种做法通常是事倍功半，犹如想让水往高处流一样。我们会自己欺骗自己，认为已经"足够好了"，从而导致自己要付出巨大的努力来争取成功。想得少了，最终做得就要多了。

要有突破性思维，就必须有要突破的对象。一般而言，要突破的对象就是夹在相互冲突的目标之间的那块空间。相互冲突的目标会产生创造性张力。以洗发水挑战为例，我故意设定了相互冲突的目标，并且设定的时间期限较短，就是为了让大家的思维形成创造性张力，提醒大家注意大脑正在干什么。

你拒绝了折中方案，拒绝对标准做出妥协，或者你只是想在10分钟内简单地选择一个解决方案，然后再根据这个答案倒推它为何会取得成功？

正如罗特曼商学院教授、知名商业战略家罗杰·马丁（Roger Martin）所说的："进行必要的思考，拒绝退而求其次，我们就能够打造出更新、更好的思维模式，为这个世界创造价值。"马丁提出了整合思维方法，其核心就是一个合成过程，即发挥他所说的相对思维，也就是在令人满意但彼此对立的各种解决方案中选择最出色的部分，将它们综合在一起，不满足于最低标准，不勉强接受任何非最佳的解决方案。

要避免"满足于最低标准"，对策就是整合思维。

5. 降低目标

降低目标类似满足于最低标准，只是两者意思不同：降低目标是正式降低目标或让情况倒退，通常会导致大幅偏离挑战本身。降低目标存在几种基本的形式。第一，对实际情况进行扭曲和过滤，以迎合自己的解决方案，而这种解决方案是"思维跳跃"或"思维固化"的结果。第二，存在"修订预测"。其结果也一样，即我们没有最佳的或最理想的解决方案，于是选择最能帮助我们靠近目标的方案，然后大肆宣传其优点，对缺点则只是轻描淡写。

基本上，我们会先缴械投降，这种保守的方式可以让我们做自己真正想做的事情，也就是宣布取得成功。我们常常会这样做，因为没有人愿意体验成功无望的感受。那样实在显得不够足智多谋，不够有创造力，或者说不够英勇。

事实是，如果只是将目标定在97码线，那么你永远也别想赢得橄榄球赛。如果只是想着跑上三垒，那就无法在棒球比赛中赢得一分。如果只是将火箭发射目标对准月球，那么你也永远无法到达火星……好吧，你应该明白其中的道理了。

对头脑风暴活动的研究显示，在大约20分钟后，大家就没有什么新点子再提出来了。这时，多数群体就会停止头脑风暴，将注意力放在评估自己的点子上。但研究也显示，能提出最佳点子的小组不会在那个时候止步；相反，他们会迎战这个心理障碍，设法突破这个困境，在一定程度上重新调整自己的思维，为发散性思维开辟新的渠道。

降低目标的解决办法就是借电启动。字典对这个词语的定义是："在汽车电瓶电量耗尽后，将其与另一个动力源相连来启动熄火的汽车。"借电启动让你更为关注自己的意愿和方式，激励你的大脑不要完全放弃挑战。意愿和方式是实现所有目标必需的两大元素。借电启动综合了一些简单的技巧。最近的研究表明，这些技巧能有效地推动人们不轻易投降。同时我也发现，这些技巧的实战效果也相当不错。

以洗发水挑战为例。你是否认为不可能彻底消除偷窃行为，于是干脆举起双手放弃，接着翻看本书，直到在文字中看到了最终的解决方案？如果真是这样，那就相当于你参加小学三年级的数学小测试时偷看同桌的答案被老师抓了个现行。

我注意到拆弹专家们也是这样做的。还不到五分钟的时候，他们就明显提不出更多的点子了，于是立马开始通过去看房间里其他小组的结果来寻找答案。有趣的是，就算是偷看到了他们自己没有想到的点子，他们也会皱起鼻子或耸耸肩，立马就放弃该点子。

这就带出了最后两大缺陷，也就是直接拒绝创意。拒绝他人的创意和拒绝自身的创意，这两者之间存在微妙的差别，所以我将它们分开来进行讨论。

6. 非我所创综合征（NIH）

管理学上有一个著名的术语："非我所创综合征"[①]，即自动否定，发自内心地讨厌他人或其他团队提出的概念和解决方法，由此导致不必要的重复发明创造。也就是说，"既然不是我们提出来的，那我们就不会考虑"。或者说，"他们能做的任何事情我也能做，而且能做得更好"。我们不相信他人的解决方案。从神经科学的角度来说，有多种因素导致我们出现了威胁应变反应，但我们的表达方式总是一样

---

① 在数据库中寻找学术论文时，我发现有600多篇期刊论文提到了非我所创综合征。

的，即立即拒绝他人或其他团体的创意，仅仅因为那是他人的想法而压根不加以必要的考虑。下一次，当你在大厅里等电梯去往楼上的办公室或酒店房间时，数数有多少人会去按向上的电梯按钮，即使他们看到你早已经按过该按钮后依然会如此。这就是非我所创综合征。

你会花多少时间去思考此前的解决方案失败的原因呢？我估计你几乎没有思考过。洛杉矶警察局的拆弹专家们肯定没有思考过。我们想要快速行动的冲动导致我们将关注点放在了执行上，因此也就忽视了真实情况。在给大家解释该思维练习时，我特别强调了之前用的提醒告示、奖励和惩罚措施都收效甚微。但在研讨会上，每当进行该思维练习时，总会有人提出至少一条这类举措，无一例外。再往回翻几页，看看那些常常被人提及的解决方法中究竟有多少是过去失败的方法，只是又换了一种提法；或者有多少依然是提醒告示、奖励或者惩罚。或许你只是认为这些举措本身没有错，只是他们此前的实施有误。这样也是可以接受的，前提条件是你打算去了解为什么此前的尝试都以失败告终了，这样才能帮助你最终去重新定义问题。如果他人提出了同样的点子，而你仅仅因为那些点子并非自己原创的就加以否决，那就是非我所创综合征。

沃尔特·艾萨克森（Walter Isaacson）在为已故的史蒂夫·乔布斯撰写的传记中指出，很多人都知道苹果公司采用了施乐公司的图形用户界面。这个行为"有时候被称为工业历史上最大的偷窃行为之一"。但在艾萨克森的笔下，乔布斯对这种行为引以为豪，并且称："毕加索曾经说过，'能工摹其形，巧匠摄其魂。'我们从不以借鉴伟大的创意为耻。"

那就是非我所创综合征的解决方案。但我不想说那是偷窃，我只是想借用宝洁公司的开放式创新项目"联系和发展"（Connect & Develop）。在 2000 年，宝洁公司新上任的首席执行官 A. G. 雷富礼（A. G. Lafley）宣布公司 50% 的创新必须来自公司外部，即"他人所创"（Proudly Found Elsewhere，PFE）。推行他人所创战略也就是保持开放的心态，吸纳、利用和循环使用他人的创意和解决方案。

7. 自我审查

当我们拒绝、否定、扼杀、打击、遏制自身的创意，或者保持沉默，抑或是采用其他方式给自身的创意判了死刑，有时候甚至是在创意产生之前就浇灭了创意的火花，这就是一种"自我审查"。在致命性缺陷中，自我审查是最致命的，在我看来，任何主动停止想象的行为都是不用心的，长此以往终将扼杀我们天生的好奇心和创造力。同非我所创一样，自我审查也是思维固化的特殊形式，近似心理受虐，即我们提出了好创意，也意识到它是好创意，但最终还是将它否定或扼杀了。我常常觉得这种行为就是"创意谋杀"。

不管是因为我们过于吹毛求疵，还是因为我们无法承受常态被改变或被颠覆带来的痛苦而选择退缩，"自我审查"都是源于害怕。害怕让我们产生了畏缩心理。我们没有了孩童般无拘无束去玩耍、去探索和去尝试的冲动。我们自己就放弃了动脑筋。在出现这种情况后，我们很容易陷入其他思维缺陷中，例如思维固化和想得过多。这些思维缺陷就成了裁判和法官。然后，当他人"剽窃"我们的好点子时，我们就只能拍着脑袋后悔不已。

事实告诉我，参与者中有人能够为那个思维挑战找到绝妙的解决方案，而且这些绝妙的解决方案常常是在小组讨论中出现的，但它们通常并没有被选为最佳点子。我清楚地看到一位拆弹专家在搭档手臂上拍了拍，然后轻声地告诉对方说："我觉得我们只要把瓶盖取掉就好了。"

我认为"自我审查"是最致命的缺陷，因此必须有一个强有力的解决方法。这个解决方法有着更宽泛的"正念觉知"概念的基础。不要将这个概念与寻求放空思想的亚洲冥想哲学混淆，"正念觉知"是积极的思考，为的是提高专注力，考虑不同的观点，并且注意到身边每一时刻的变化。大卫·洛（David Rock）在其著作《高效能人士的思维导图》（*Your Brain At Work*）中将"正念觉知"定义为"活在当下，眼观六路，耳听八方"。

"自我审查"的解决办法基于一个经典的工具。哲学家亚当·史密斯（Adam Smith）在一个半世纪前设计了该工具，并取名为"公正的旁观者"（the impartial spectator）。这个方法可以帮助你调整自己的注意力，让你关心当前的情况，不偏不倚地看问题，就像我们前往新地方时会留心观察一样。作为游客，我们是从外人的角度来看世界的，自然会相当留心，认真观察当前的情况，会注意到那些本地人习以为常的细节。心理学家喜欢称这种情况是"自我疏离"。从名字就可以看出，这个概念就是让你脱离自我。密歇根大学的研究人员最近发现，面对相当紧张的情况时，简单地用第二人称代词"你"或自己的名字来取代第一人称代词"我"就能有效地减少焦虑、犹豫或者是运动员们所称的"choking"现象（虽然有赢的迹象但最终却输掉了比赛）。

第七种思维病的解决方法就是自我疏离。

赢得大脑游戏
战胜七个致命的思维病

思维病	良方
思维跳跃	边框风暴
思维内卷	逆向思考
想得过多	原型测试
满足于最低标准	合成
降低目标	借电启动
非我所创	他人所创
自我审查	自我疏离

本书探讨的思维跳跃、思维内卷和想得过多属于误导型思维病。之所以称它们是误导型思维病，是因为这些思维病会导致我们误入歧途。满足于最低标准和降低目标这两种思维病被称为中庸型思维病，因为它们会让我们的思维水平大大缩水。非我所创和自我审查这两类思维病相较而言没那么常见，但其致命程度不比其他思维病低。我将这两种思维病归纳为盲目型思维病。

事实上，这七大思维思维病并不是完全独立的，而是相互关联的，从而导致我们大脑的惰性占了上风，决定了我们的思维能力。不管在哪里，用心思考都是一种新的竞争优势，而七大对策就是一套建立竞争优势的魔法。我曾和各行各业的专业人士和各种组织合作过，最终发现这七大对策的效果是最出色的。这七大对策可以被总称为

"重新构造"（reframing）。

还记得我们的准则吗？表面看似问题的事情不是问题，表面看似答案的事情不是答案，表面看似不可能的事情也不是不可能。那么如何坚持这个准则呢？"重新构造"就是相当不错的答案。

你在解答那个思维挑战时表现怎么样呢？如果你没有充分发挥自己的思考能力，找到那个绝妙的解决方案，那么我估计你是落入了这七大致命的思维陷阱中了，就像那些洛杉矶警察局的拆弹专家们一样。如果你的确提出了那个绝妙的解决方案，那么恭喜你。你可以不用阅读本书了，我没有什么可以帮到你的了。

再回到我的故事。我向拆弹专家们解释这些思维的毛病时，他们开始放松自己，身体前倾。他们纷纷讲述起各种各样的陷阱是如何影响自己的工作甚至是个人生活的。他们最终得到了理想的结论，即不要让这些思维病阻碍他们找到绝妙的新战略。

最终，12位拆弹专家针对如何处理炸弹威胁设计了一种更流畅的新方法。他们向自己的指挥官们介绍了该方法。在进行了数次实地操作试验和几个月的调整之后，该方法成了洛杉矶警察局的新标准①。如果不是稍加突破来进行思考，他们能得出这种新方法吗？或许也可以。但他们此前的尝试并没有取得这些进步，所以我更愿意认为是我稍微推动了一下。

---

① 出于安全和保密的原因，我无法向大家介绍洛杉矶警察局拆弹专家们设计的那套简单漂亮的方案图。

第二年，我又来到了洛杉矶警察局的总部帕克中心[1]。参加会议的是时任警察局局长威廉·布拉顿（William Bratton）及其 20 名手下。这支庞大的队伍中包括助理总警监、副总警监、特警指挥官 [有现任洛杉矶警察局局长查理·贝克（Charlie Beck）] 和警局里的心理学家。他们非常满意拆弹专家们的学习效果，希望能采用同样的方法制定一套新战略。于是我向他们提出了另一个思维挑战[2]。他们最初的反应与拆弹专家们相差无几。很快，他们就了解到了如何克服那七大致命性的思维缺陷，并且针对洛杉矶的执法工作最终得出了一套绝妙的高层操作新战略。

从 2005 年的那一天起到现在，已经过去了 10 余年，期间我针对数千人提出了数百个思维挑战。在这个过程中，我收集了大量证据、拥有了很多工具，也得到了一些顶级思想家的指导。我非常荣幸这些思想家可以成为我的亲密顾问。现在，我可以为大家提供一趟速成课，帮助大家赢得大脑游戏了。

---

[1] 老帕克中心，并非 2009 年投入使用的新中心。

[2] 我将在下一章为大家介绍这个练习。

思维跳跃

> 如果给我一个小时解答一道决定我生死的问题，那么我会花55分钟来弄清楚这道题到底是在问什么。一旦弄清楚了它到底在问什么，剩下的5分钟就足以回答这个问题了。

阿尔伯特·爱因斯坦

小时候，我们总感觉自己有大把大把的时间，时间似乎是永恒的。这个世界上的一切都让我们着迷，让我们感到惊奇。我们迫切地想要去探索，去玩耍，好奇心也越来越强。我们就像是海绵，如饥似渴地体验着身边的一切，用各种方式全身心地沉浸在其中。将我们放到一个沙坑里，给我们一个杯子、一把勺子，我们就可以认认真真地玩上几个小时，直到自己累了、渴了或者是饿了。我们的大脑每天都在高速运转，建立起数千个新的连接，生成新的知识。随着我们对语言技巧的掌握，好奇心促使我们开始不断地提出问题。接着到快上学的年纪时，我们的行为就变得更加结构化。我们懂得了规则，比如说，要坐如钟、涂色不能涂到线外、按时作息、要排队、和他人说话时不能只顾着自己一个人说，当然还有一个人独处时不要自言自语。小学时，我们懂得了必须在严格的时间范围内正确地回答老师提出的问题。我们是否能快速地重复老师所教的东西，这决定了我们的成绩，也影响到我们的表现。随着年级越来越高，所有这一切都会被夸大、被强化。我们自己的问题逐渐变得不重要了，直到最后我们甚至没有了提问的欲望，因为我们害怕打扰他人。进入职场之后，我们也坚持着这种根深蒂固的"马上回答"的思维。这种思维可以取悦老板，因为他们现在已经占据了当年老师们的位置。等到 25 岁时，我们就已经成为经过精细调试、运转正常的效率机器，可以快速地回答问题，幸运的话，还能回答正确。

有过这番成长经历后，也就难怪我们会从问题直接跳到答案了。

症状：从问题直接跳到答案

心理学家给"思维跳跃"贴上了众多标签，有复杂一点的"快速认知"（rapid cognition），也有更通俗一点的"妄下结论"（jumping to conclusions，JTC）。在 2005 年出版的《眨眼之间：不假思索的决断力》（Blink: The Power of Thinking Without Thinking）一书中，马尔科姆·格拉德威尔（Malcolm Gladwell）称这种现象为薄片（thin-slicing）。之所以取这个名字，源于他和几位纽约警察局的警官们打的一次交道。他在书中也对那些警官们表示了感谢。

正如他所述，在《引爆点》（The Tipping Point）一书取得巨大成功之后，他蓄了长发。但对多数人来说，这两者之间实在没有因果关系。不过马尔科姆不这么认为。事实上，他的头发要比照片上的显得更凌乱①。突然之间，各政府部门对他开始倍加"关注"，在公路上他会被拦下来盘问，或者是机场安检会对他进行搜身检查。他在曼哈顿十四大街闲逛时，三位纽约警察拦下他进行审问。他们当时在搜寻一位重罪犯，犯人的标志性特点就是"一头卷发"。警官们看了一眼马尔科姆的头，就直接驾车冲上了人行道，然后跳下车拦住了他。除了发型之外，马尔科姆的长相和警方的犯罪嫌疑人画像根本不像。尽管如此，警察还是足足盘问了 20 分钟后才让他离开。"我的头发给人留下了深刻的第一印象，导致搜捕那位强奸犯时要考虑的其他因素都被忽略了，"格拉德威尔写道，"这段街头遭遇让我开始思考第一印象的神奇力量，因此也就有了《眨眼之间：不假思索的决断力》这本书。我想，在感谢其他任何人之前，应该先好好谢谢那三位警察。"

《眨眼之间：不假思索的决断力》出版之时，正值我和洛杉矶警察局拆弹专家们在进行合作。时机再好不过了。在后面的几次会议中，我同警官们分享了格拉德威尔的那段故事。我们都认为不管接受过多少训练，拥有多少技能，人们都会有"思维跳跃"这个缺陷。针对这个缺陷，他们有自己的称呼，即"抢跑"（jumping the gun）。事实上，他们决定让我"自尝苦果"，还真是用上了枪。他们邀请我前往伊利森公园的洛杉矶警察学校。看来，他们的确要为那个洗发水练习"报仇"了。

谢天谢地，他们给了我一把没有实弹的枪。这把枪连着视频训练

---

① 多年前，我曾经碰到马尔科姆·格拉德威尔并和他交谈。当时我们两人同时出席在拉斯维加斯举办的加利福尼亚州世界会议（CA World Conference）并发表演讲。我负责大会开始前的预热工作。

设备。我前方是一个大屏幕。他们简要地指导了一下我如何拿枪，如何瞄准，以及如何射击。接下来，游戏开始了。屏幕上开始播放视频，视频内容是从我的视角看到的情况。也就是说，现在我就是一个戴着 GoPro 运动相机的警官。在第一个场景里，我拦停了一辆嫌疑车辆，打算对驾驶员进行询问。在我靠近那辆车时，驾驶员走了出来，手放到了自己的外套口袋里。我还没有来得及做出任何反应时，他已经捅了我一刀。我倒下了。于是他们再次播放视频，而这一次我做好了准备。当司机将手伸到口袋里时，我一枪射中了他的肩膀。不过这一次，他只是想掏出自己的钱包。

在这一连串看上去类似的情景中，为了生存，我的确必须在"眨眼之间"采取行动，而不是去"思考"如何应对。久而久之，我开始懂得了这两种模式之间存在着一种紧张关系，而这种关系有着难以置信的难度和复杂性。我逐渐了解了，当生命遭到威胁时，人们在千钧一发之际会感受到无比巨大的压力。我也逐渐明白了"眨眼之间做出决定"和三思而后行是硬币的两个面。难点就在于，要训练我们的大脑如何根据实际情况更有效地采取其中一种反应或两种反应。

告别那些拆弹专家时，他们正为了我糟糕的表现笑得停不下来。我的脑海中逐渐冒出了一个问题：我们如何利用自己眨眼之间做出决定的倾向来提高自己的思考能力呢？

诊断：根深蒂固的"马上回答"思维

这个问题促使我开始研究大脑和思维之间的关系，以及思维和身体之间的关联。它也让我发现并最终用上了另一类思维挑战。这类思维挑战更实在，而且我在与布拉顿局长及其手下的副局长和指挥官们合作时用上了这个思维挑战。

现在，看看警官们被铐上手铐，然后观察他们是如何想方设法解下手铐的，再没有比这个更让人开心的事情了。这也正是我所做的事情。我为这个思维挑战起了一个恰如其分的名字："越狱"。这个名字源自 1896 年的一本书，书名为《卡塞尔体育娱乐大全》(*Cassell's Complete Book of Sports and Pastimes*)。

你可以拿出两根绳子，如图 1–1 和图 1–2 所示，分别将绳子的两端系在两个人的手腕处。他们现在要自己将这两根绳子分开，也可以请他人帮忙，但不得解开绳子 [①]。

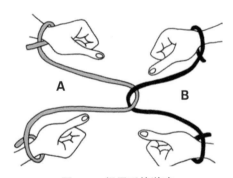

图 1–1　绳子手铐游戏

---

① 原来的要求还包括参与游戏的两人为异性，这样更有趣。我试过这种方法，的确如此。

图 1-2 绳子手铐游戏

我到家得宝公司购买了一些不同颜色的尼龙绳，然后做了五幅手铐，我向洛杉矶警察局的最高层们介绍了这个挑战，脸上是抑制不住的开心。我给了他们五分钟的时间来解开手铐，并且也设置了限制条件，即手铐本来是铐在哪个手腕处的就必须是在哪个手腕处，不得挪地方。

他们的反应很好地展示了什么是思维跳跃。每一组参与者都毫不犹豫，立马直接跳到了各种答案。不过这些答案只是同一个解决方案的不同版本而已。我给这个答案起了个名字叫"绳舞"，即参与者跨过绳子，将绳子往上绕过自己，同时不停地扭动和旋转身体，想把两根绳子分开。在这五分钟的时间里，没有一个人能分开绳子。从所有参与者的身上可以看到其他种种致命的思维缺陷：他们不停地做着同一套的不同版本（思维固化）动作，他们尝试了旋转和扭动等，最终只是让自己被缠得更紧（想得过多）了。时间过去了一半，大家开始有点绝望了。这时，我给了他们一个提示："你们不需要做任何舞蹈动作……你们可以面对面地解决这个问题，完全不需要转身或扭动身子。"他们停下来听我说话，盯着我看，感觉我就像是个双头怪物。

接着他们看了看自己的搭档，又看了看手上的手铐，耸了耸肩，然后立马又重新继续他们此前的各种尝试（"非我所创"）。很快，他们开始询问是否可以剪断绳索或将手铐换到他人的手上，因为题目并没有明确要求不能这样做（"满足于最低标准"）。他们也问我是否真的有答案（"降低目标"）。当搭档说"我们尝试一下别的方法"或"让我们先想想"时，他们甚至会直接加以否决（自我审查）。

每年，我会去两次加州治安官标准和培训指挥学院，主持为期一天的新生训练营。该项目针对的是有望成为加州某座城市警察局局长的高级警务管理人员。在训练营中，我也会把这个思维挑战作为破冰游戏来玩，但结果相差无几。几乎每 20 对参与者中才会有一个人能漂亮地解开这些手铐。每当出现这种情况时，我就更加清楚地认识到，成功的关键在于先不要去跳那个"绳舞"，要先去思考这个问题，然后再采取行动。只有这样，你才能在短短几秒钟内解开绳索。那些跳"绳舞"的人会继续在那儿跳着，结果只会让人越来越沮丧。

要解释清楚"思维跳跃"这个毛病，或许最简单的办法就是采用心理学家和神经科学家们最喜欢的方式，即将我们的思考方式归纳为两个主回路。心理学家丹尼尔·卡尼曼（Daniel Kahneman）在其 2001 年所著的《思考，快与慢》（*Thinking, Fast and Slow*）一书中使用了心理学家基斯·斯坦诺维奇（Keith Stanovich）和理查德·威斯特（Richard West）所创造的词语系统 1（System 1）和系统 2（System 2）。这些回路还有许多其他的名称，例如，自动的和可控的、左脑和右脑、默认驱动和执行驱动、有意识思考和无意识思考、工作记忆和潜在记忆、发散性思维和收敛思维、基底核和前额叶皮层，等等。为了简单易记，我们使用卡尼曼的说法：快和慢。首先要说明一下，我们的大脑实际上要复杂得多，这种归纳为双回路的方法只是打个比方，帮助我们进行简单的探讨。

快思考是一种自动的、回应性的、无意识的、快速的、本能的思考，我们会使用这种思考方式来解决日常问题，也就是格拉德威尔所称的"眨眼之间做出决定"。慢思考则是一种费劲的、有意识的、努力的、理性的思考，我们会使用该思考方式来解决更复杂的、比较陌生的挑战。

这两种思考方式是如何开展工作的呢？当我向你抛球时，你根本不用去仔细思考要怎样来接球。快思考会通过"启发式"或多种模式来指导你自动做出反应，你知道球会按照何种路线运动，因此快速将手放在适当的位置，在球落到合适的地方时将其一把抓住。如果此前从未有人向你抛过球，那么慢思考将会发挥作用，而你也无法接住球。你需要先好好想一下，然后有意识地、小心地试图去接住球。在你接住球之后，你的大脑才会形成模式，此后快思考才能发挥作用。

快思考是基于我们的专业知识和自信的，是我们的"第六感"。我们所有的错误几乎都是源于快思考。"思维跳跃"缺陷也源自这里。卡尼曼告诉我们，当信息有限时，快思考回路就是让人"直接跳到答案"。这也就是那三位纽约警察看到马尔科姆·格拉德威尔时的反应。

例如，假设我问你南希是不是一个优秀的护士。我告诉你她非常有同情心，很关心他人，而且做事一丝不苟。你可能会直接跳到答案，给我一个肯定的回答。因为快思考会处理刚才那些信息，认为这些都是优点，这点当然没错。但你出现了思维跳跃的问题。你没有停下来问我优秀的护士究竟应该有哪些特点。如果我告诉你南希有窃盗癖，脾气暴躁，而且时不时会健忘呢？所有这些新信息和最初告诉你的那些信息并不冲突，但你可能也不再想让南希来做你的护士了。

"思维跳跃"的神经学原理

2015 年 4 月的《公共科学图书馆：生物学》（*PLoS Biology*）杂志发表了一份最新的研究结果。加州理工学院的研究人员发现，我们直接跳到答案是原因存在不确定性。当我们对情况不是非常肯定时，就会快速得出一个因果关联，而且通常都是错误的。这种直接跳到结论的行为被定义为"一次性学习"（one-shot learning）。

"如果你缺乏证据，不确定是不是先前的事情导致了特定的结果，你很可能就会快速地将这两者联系在一起。"加州理工学院的神经学博士后、该论文的第一作者李湘宛（Sang Wan Lee，音译）说，"许多人过去认为刺激物的新颖度是导致一次性学习的主要因素，但我们的计算模型显示出因果关系的不确定性更重要。"

通过简单的行为任务，外加脑成像，研究人员得以确定大脑内部哪个部位负责处理这种因果关系，并且精确地找到了大脑哪个部分负责启动一次性学习。前额叶皮层（位于前额后面，紧靠前额，与复杂的认知行为相关）的一部分似乎负责评估此类因果关系的不确定性，然后与海马体一起在需要时开启一次性学习。

"开启是一个很好的比喻。"上述论文的合著者下条信辅（Shinsuke Shimojo）说。海马体与所谓的情节记忆相关，即大脑能快速地将某个特定的环境与某件事联系在一起。因此，研究人员猜测，大脑的这个区域也会影响人们直接跳到结论。他们惊讶地发现，前额叶皮层和海马体之间的耦合只存在有或无两种选择。"就像是电灯开关，一次性学习要不就是开，要不就是关。"

前额叶皮层的这一部分非常靠近前额叶皮层的另一部分。此前他们发现，后一部分与大脑在另外两种学习模式（即习惯性学习和目标性学习）之间的切换有关。习惯性学习和目标性学习分别同日常行为和经过更仔细考虑后的行为相关。这项发现让研究人员颇感兴趣。

研究人员谨慎地推测，前额叶皮层主要的功能就是扮演领导人的角色，告诉指挥不同类型行为的其他大脑区域何时应该发挥作用，何时不应该发挥作用。

快思考让我们能够轻松高效地处理每天的事务，尤其是熟悉的情景和日常的问题。没有人希望或需要去深入思考如何行走、如何剃须或者如何开车上班。否则我们就什么事都办不了！

快思考会犯错。也正是因为这个原因，我们还需要慢思考。问题在于，尽管慢思考是深入思考，可以预防错误的产生，让我们避免陷入麻烦之中，但慢思考很懒惰。它希望自己能够像快思考一样不费力气。慢思考需要投入许多脑力和体力，要辛勤工作。在我们的成长中，大家并不关心如何进行慢思考，而是会关心如何节省思考来提高思考速度。我们在学校学习的数学、语言和科学技能都代表着如何便捷地进行思考。在采取任何行动时，大家都遵循着快思考的原则。只有当快思考已经无路可走时，慢思考才会站出来。这两种系统之间存在着激烈的冲突，而且在我们的生活中天天上演。

让我们以电视遥控器为例。忙碌了一天之后，你扑通一下倒在沙发上，想看看电视。这时候，快思考发挥作用了，你自然而然地拿起遥控器，对准机顶盒，按下电源开关，但电视没有反应。这时你怎么办？如果你和我一样，那就会不断地按电源按钮。你尝试从不同的角度按，甚至可能会用袖子擦一擦红外探测器，同时不停地按电源按钮。这是你的快思考在发挥作用，告诉你如何应对已知的问题。它也知道接下来要怎么做：捣鼓电池。你不是去换电池，而是将电池揉几下，因为你不想从沙发上爬起来，到厨房的杂物抽屉里翻找 4 节 7 号电池出来，可能还不一定能找到。而且那样的话，接下来你就必须进行慢思考。但揉电池没有用，你必须换电池了。你也的确这样做了。接着你又重复了一遍上面的动作躺下来将遥控器对准电视机按下电源按钮，但电视依然没有反应。于是慢思考终于上阵了，但仅仅是因为你已经尝试过了各种修理方法，而且你是被迫进行深入思考的。深入思考几乎全部从回答问题开始。在这个例子中，问题就是为什么电视打不开呢？

遗憾的是，慢思考总是迫不得已才工作的思考系统。当遇到更复杂的问题时，快思考会带领我们走偏方向，妨碍我们前进，阻碍我们解决问题。从本质上来说，思维总是尽可能久地保持封闭。

思维跳跃导致失败

假设你正在打游戏，要做出一个选择：与一个外星超级勇士对战，或者连续同三个人类士兵对战。游戏告诉你，你打败外星超级勇士的概率是 1:7，但你打败人类战士的概率是 50:50。你会怎么办？多数人会自然而然地选择人类战士。这似乎是一种本能，选择后者获胜的概率好像更大。

然而，事实并非如此。你要连续打败三个人类士兵，概率为 $1/2 \times 1/2 \times 1/2$，或者说是 1/8。也就是说，打败外星超级勇士的概率更大（1/7）。

你犯了思维跳跃的错误，所以吃了败仗。

所以，我们要怎样来化解快思考和慢思考之间的冲突呢？

丹尼尔·卡尼曼给我们的建议是："最好的办法就是折中：学会识别哪些情况下可能犯错，然后更加努力地避免在风险很高时犯大错。"这个建议帮助不大。

相对于折中，我觉得我们可以做得更好。我相信我们可以利用自己的快思考回路来改进自己的慢思考，并且对思维进行训练，以克服大脑的思维跳跃这个致命性毛病。上文中引用的加州理工学院的研究为我们提供了线索。在过去 10 年里，我与数百个问题解决团队合作过，有过众多观察所得和经验。这些观察所得和经验也得到了加州理工学院那个研究结果的支持。

秘密就在于如何启动慢思考，从而让它能像快思考一样发挥作用。

良方：边框风暴——搞清楚问题到底是什么

要说我从主持问题解决研讨会上学到了什么，那就是我们在试图遏制自己的思维跳跃冲动时，多数都是以失败告终的。我们不应该进行这种尝试。如果我们引导这种本能，让它带来像头脑风暴①一样的行为，或许更有效果。但这种头脑风暴不是针对答案，而是针对提出的问题。

这被称为边框风暴，它综合了框架和头脑风暴。这种方式可以改变行为，却又不会因为改变而带来痛苦，其效果相当不错。边框风暴就像是武术中的日本合气道，要借对手之力，让对手的力量改变方向。边框风暴不像空手道，用踢和打这种蛮力来赢得对抗。合气道的意思是"平衡生命力量的方式"，这也的确就是边框风暴的目标，即更好地平衡快思考和慢思考的能量。

边框风暴的基本使用方法与头脑风暴一样。头脑风暴的基本原则众所周知，已经有 50 余年的历史了。在进行头脑风暴时，不要去做任何判断，要不断地提出点子，数量越多越好。这就是这种方式被称为风暴的由来。这种方式让人感觉颇佳，因为它启动了快思考。那么"边框"的部分呢？

音乐家弗兰克·扎帕（Frank Zappa）解释得非常清楚："艺术中

---

① 关于头脑风暴的规则有大量的文字记录，所以此处不再赘言。

最重要的事情就是边框。就绘画来说，可以按照字面意思直接理解。对其他艺术形式而言，这是一种比喻，因为如果没有边框这样的小东西，你根本不知道艺术和现实世界的界限在哪里。"

扎帕的意思就是，如何为一件事情设置边框将影响到这件事情最终的结果，而设置边框同艺术本身一样，也是一种艺术。我们为艺术作品设置边框，是为了让人们将注意力放到艺术作品身上。绝妙的边框能够提升绘画作品的艺术性。如果没有了边框，画作就会变得不完整。但我们多数人不太会去注意边框。当然，除非没有边框。不管是哪种情况，我们可能都没有给予边框应有的关注。

在解决问题时，定义边框同样非常重要，它也的确发挥着重要的作用。为问题正确定义边框，这种能力可以帮助我们避免一些典型的陷阱，从而找到绝妙的解决方案。但我们在这方面的能力并不尽如人意，原因是多方面的，都与快思考和慢思考之间的冲突有关。我们都缺乏耐心，我们的注意力持续时间有时候相当有限，难以在定义边框上投入必要的精力。我们都热衷于找到解决答案，却不那么喜欢找到最佳解决答案的过程。我们都喜欢使用常识，而这些常识并不一定符合问题设置的条条框框。我们天生就喜欢显而易见的东西，这主要是因为这些东西让我们可以在思维上走捷径。我们每天要应付大量的日常问题，这些问题都不需要定义边框，只要通过快思考就能快速处理，所以我们天生就倾向于使用自己喜欢的快思考来处理那些必须进行慢思考的复杂问题。

在观察所有参与本书这些思维挑战的人的反应时，我发现几乎没有人会选择定义边框这一步。几乎所有人都是立马就开始着手想答案，错误地认为我已经给了大家所有必要的信息。他们略过了定义边框这个关键的步骤。他们肯定没有去思考多重边框。原因很简单，就是停下来思考会让他们感觉不舒服。要知道，我们最不愿意做的事情就是进行慢思考！

要克服思维跳跃这个毛病，最好的工具就是边框风暴。不管何时，一定是在头脑风暴之前进行边框风暴。它将让人感觉轻松自在，因为它给人的感觉就像是在进行跳跃性思考。只是边框风暴的焦点在于提问，而不是提出答案。

边框风暴可以让我们开始进行慢思考，但给人的感觉却是快思考。与此同时，它将问题变成了拼图。当我们将某个东西当作问题时，自然会直接去找答案。当某个东西是拼图时，我们自然而然就会慢下来一点点。因为我们在小时候就已经知道，在玩拼图时，我们必须先搞定每个角和边框的位置。将拼图的边框拼好，也就成功了一半。

边框风暴三步骤

边框风暴由简单明了的三步组成，遵循头脑风暴的基本原则，其最终目标就是用精彩的问题来阐述挑战，从而对要解决的问题进行定义。这就是将问题当作有趣的拼图，从而让我们启动更具想象力的慢思考。

第一步：明确定义边框的语言

高质量的边框都是用问题的形式呈现。我的朋友、同为作家的沃伦·贝格尔（Warren Berger）在其著作《绝佳提问》（*A More*

Beautiful Question）一书中对边框的语言使用进行了精确的描述。在该书中，他提出尽管我们都迫切想要找到更好的答案，但首先必须学会正确提问，然后再去证实。他在书中讲述和分析了大量的例子。最具创造力和最成功的人往往都是探询专家。他们已经掌握了探询的艺术，会提出其他人不会提出的问题，并且找到他人都在寻找的答案。

正如沃伦所说的："漂亮的问题是雄心勃勃的，但也是可以付诸行动的、能够改变我们理解或思考某件事情的方式，并且可以成为带来改变的催化剂。"

漂亮的问题

雄心勃勃、可以付诸行动的问题能够改变我们理解或思考某件事情的方式，并且可以成为带来改变的催化剂。

在采访沃伦时，我问他在商界谁最善于提出漂亮的问题。他的回答是："创业者们，或者至少是那些成功的创业者们。他们几乎别无选择……他们之所以创业，就是为了颠覆、为了创新、为了解决他人都没有去解决的问题。他们必须先定义这个问题，而这通常是通过聪明的提问来完成的。"

例如，奈飞公司的创始人里德·哈斯廷斯（Reed Hastings）提出："为什么我必须在租赁录像带时支付未按时归还产生的滞纳金？"移动支付公司 Square 公司的创始人杰克·多西（Jack Dorsey）提出："为什么我们个人不能接受信用卡付款？"而宝丽来公司创始人埃德温·兰德（Edwin Land）三岁的女儿詹尼弗曾问过一个著名的问题：为什么我们拍照后还要等待一段时间才能看到照片？

沃伦建议在探询时遵循三步循环：

1. 为什么？

2. 如果？

3. 怎样？

"在研究创新案例时，"他说，"我发现探询者通常先是要去了解和定义问题，为此他们会提出大量为什么。为什么这是个问题？为什么其他人尚未解决这个问题？为什么其中蕴含着机会？到某个时间点，创新者就会从问为什么转变为问如果，也就是想象可能的解决方案，通常是将各种点子与问题联系起来。如果我们尝试 X 呢？如果我们将 Y 和 Z 综合在一起呢？这就是创意阶段。接下来，你必须从想象、从如果转变为一些更务实和更具体的东西。你开始问：'那我们要怎样来做？'"

我观察了数千人解决思维挑战的过程，几乎没有看到过有人提出了任何类似问题，而提出漂亮问题的人更是少之又少。

第二步：提问

现在尽最大可能提出为什么、如果和怎样的问题。正如在进行头脑风暴时一样，边框风暴最开始时看重的是数量，而不是质量。要提出至少 12 个问题来定义挑战的边框，越多越好。不要提出 10 个问题就停止。

听听阿尔伯特·爱因斯坦的建议："生活就像在骑自行车。要想保持平衡，你就必须不断地踩脚踏。"快思考也是如此，所以坚持下去，不要停。将判断和评估留到第三步。当前，最不能做的事情就是保守或批判。

让我们以引言中讨论的洗发水偷窃问题为例。快速的边框风暴可以带来 10 多个问题。例如，为什么人们会偷洗发水？为什么不是所有人都会偷洗发水？为什么此前的方案都没有效果？为什么洗发水有这么大的吸引力？为什么洗发水这么容易被偷？为什么人们会冒这么大的风险去偷洗发水？如果我们什么都不做会怎么样呢？如果没有人想偷洗发水呢？如果没法将洗发水藏在健身包里呢？如果洗发水不好带呢？如果洗发水瓶子很难拿走呢？我们怎样才能让人难以偷走洗发水呢？我们怎样才能让人讨厌偷洗发水呢？我们怎样才能让偷洗发水变成一种危险的行为呢？我们怎样去消除偷洗发水的诱惑呢？我们怎样才能重新设计洗发水瓶，同时又不增加成本呢？

请注意，所有这些都不是解决方案，而是能促使人们去思考解决方案的问题。其中部分问题可能会让人立刻得到符合挑战要求的解决方案。所有这些问题都是针对最初的"如何阻止人们偷窃又不增加成本"而提出的。我的朋友、斯坦福大学创造力教授蒂娜·齐莉格说："首先要针对最初的问题提问。你的答案就在你提出的问题里。"

第三步：选择两个最佳的问题

在列出了大量边框之后，你可以选择至少两个边框，然后进入答案头脑风暴模式。这又是另一轮为什么、如果和怎样，但这一次重点在于答案。到这里，你就知道答案是什么了。你应该明白，尽管边框风暴是克服"思维跳跃"这个毛病强有力的办法，但并不能保证你就能得到绝妙的解决方案。不过，它可以大大提高你的思维能力。

知识点

思维跳跃

面对复杂的挑战时，略过思考过程直接跳到答案，这是一种自然行为，是一种本能，但这样你几乎永远无法得到绝妙的解决方案。加入边框风暴这简单的一步，我们就可以启动更深入的、更具创造力的思考回路。边框风暴同样让人感觉是一种本能，但它重在提问，而非回答问题。

思维内卷

现实只是一抹幻影，尽管它从不消散。

阿尔伯特·爱因斯坦

位失业女性没有驾照，在过第一个路口时她没有按交通信号灯的指示停车，然后又没有看到单行线标志，在只能单向通行的街道上逆行了三个街区。附近一位当班的警官看到了这个情况，但他并没有给这位女士开罚单。为什么？

一位男子骑马周日出行，之后骑马周日返回，走了整整 10 天，可是并没有跨越时区。请问这是怎么回事？

一个男孩关掉了卧室的灯，然后在房间里变暗之前上了床。如果床距离灯开关有 10 英尺（约合 3.05 米），而他没有使用任何绳子、电线或其他工具来帮助自己关灯。那么请问，他是怎么做到的？

哈迪先生正在高层办公大楼擦玻璃。他突然滑倒了，从 60 英尺高（约合 18.29 米）的梯子上摔了下来，直接落在了楼下的水泥人行道上，但他奇迹般地没有受任何伤。请问这是怎么回事？

你知道下列字母存在什么规律吗？

A E F H I K L M N T V W X Y Z B C D G J O P Q R S U

哪个英文单词可以与单词 shot、plate 和 broken 组成短语？

移动一根棍子，纠正这个罗马数字的算式：Ⅲ + Ⅲ = Ⅲ

一个封闭的房间外有三个开关。房间内有三盏灯。你可以随意开启开关多次，而房间保持紧闭。此后，你只能进入房间一次，指出哪个开关控制哪盏灯。你要如何来做？

有人找到一位古币商，要卖给他一枚漂亮的铜币。这枚铜币一面是国王的头像，另一面刻着公元前 544 年的日期。古币商检查了铜币后，拒绝购买，并且报警了。为什么？

朱丽叶和詹尼弗同年同月同日生，而且同父同母，但她们两个不是双胞胎，为什么？

你可以重新调整 n-e-w-d-o-o-r 的顺序，将它们组合成一个英文单词（one word）吗？

一位因犯想从塔楼内逃走。他在自己的藏身处找到了一段绳子，但长度不够，距离安全落地还差了一半。他将这段绳子弄成了长度相同的两根，再将这两根系在一起，然后逃走了。请问他是如何做到的？

一个巨大的钢质倒金字塔靠塔尖稳稳倒立。只要碰一下这个金字塔，它就会倒下来。在金字塔的塔尖下面放着一张 100 美元的钞票。你要如何去掉钞票，同时又不让金字塔倒掉？

图 2–1 中的这辆公共汽车的车头是朝左还是朝右？

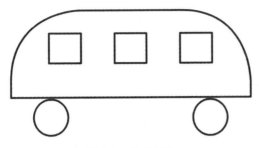

图 2–1　公共汽车

请移动图 2–2 中三个圆圈的位置，将这个三角形转动 180 度，让上面的尖角变为朝下。

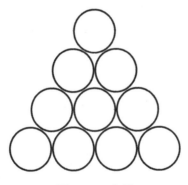

图 2–2　三角形

上面是 15 个脑筋急转弯题目。心理学家和神经学家在实验室做实验时，非常喜欢使用这类智力题目，而且实验对象通常还连着一台功能性磁共振成像扫描仪，用于检查他们是否会有灵光一现的时刻。如果有，需要多长时间才会出现？如果没有，要通过哪些暗示来引导？近 100 年来，研究人员一直在使用这类洞察类问题。如果你回答不出来，不要灰心。此前从未见过这些经典问题的人中，只有约 50% 的人能成功地解答出这些问题。很多人一个都答不出来。具体情况取决于问题本身。

我在本书的最后为大家列出了每道问题的答案。如果你愿意落入"降低目标"的陷阱，预先举手投降，那么可以直接去看答案。与此同时，如果大家和我一样，这些问题大部分都答不出来，那是因为受到了"思维内卷"这个毛病极大的影响。

症状：缺乏新意，凭猜测进行工作

心理学家卡尔·登克尔（Karl Duncker）在其 1939 年所著的《解决问题》（*On Problem Solving*）一书中创造出了"功能固着"（functional fixedness）一词，意为人们难以突破常有的或过去的方式，而从不同的角度去看事物或问题。他曾经研究了各种不同的方法来开启人们的思考，克服功能固着问题。自那以后，研究人员一直使用最新版本的问题表述方式，通常被称为"创造性顿悟"，也就是我们所说的"我找到了"（Eureka！）或"茅塞顿开"（Aha！ moment）[①]。关于功能固着的其他说法包括范式、盲区、思维模式、偏见、脑锁（brain lock）和心智模式。我们还是简单一点，就用"思维内卷"一词吧。

---

① 在各种文献和书籍中，最著名的也是引用次数最多的当属登克尔蜡烛难题。实验对象每人拿到一根蜡烛、一盒图钉和一盒火柴，并被要求"将蜡烛点燃后固定在墙上，不要让蜡油滴落到下面的桌子上"。参与者要么马上就找到了答案，要么就是折腾 10 来分钟，最终还是以失败告终。答案就是将图钉从盒子里拿出来，将蜡烛放在盒子里，然后用图钉将装有蜡烛的盒子固定在墙上，再用火柴点燃蜡烛。"功能固着"导致参与者认为图钉盒就只是用来装图钉的。

除了心理学实验之外，严重的思维内卷问题还存在于个人、组织，甚至是整个产业里。

在本书中，医学博士杰弗里·施瓦兹（Jeffrey Schwartz）将帮助我们从神经科学的角度来了解这些思维缺陷。他是一位神经精神病学家，终生致力于研究一种思维内卷的极端形式，即强迫症（obsessive-compulsive disorder，OCD）。各方面的资料显示，强迫症是一种自我毁灭性疾病，原因在于大脑内部出现了生化不平衡。但施瓦兹博士利用他在加州大学洛杉矶分校开发的一套方法，帮助病人利用自身的思维力量来打破大脑对自身日常功能发挥的束缚。这套方法使用了自我定向的神经可塑性（self-directed neuroplasticity）[①]。

20世纪80年代，通用汽车的市场被外国汽车公司抢走，导致市场份额大幅萎缩。组织学专家伊恩·米特罗夫（Ian Mitroff）认为其原因在于该公司数十年来一直存在着多层次的思维内卷问题，即认为款式和地位要比质量重要，外国汽车不会构成威胁，而且工人们没有什么影响力。虽然通用汽车最终意识到自己犯了致命性错误，但可惜为时已晚。

在几乎整个19世纪里，冰块行业一直都是简单地围绕着采冰这一件事情发展的。数十位强壮的男子使用大型的特制锯，从冰冻的湖面和河面上切割下来大大的冰块，然后用马车将冰块运到冰屋储存起来，或送到驳船和火车上进行运输。冰块行业刺激了美国其他行业，如肉类、农产品和鱼类等行业的飞速发展。此前，这些产品都

[①] 我将在讨论固着缺陷的对策时对该方法进行更详细的介绍。神经可塑性是指可以使用思维活动来改变大脑的脑神经元回路。

只能供应本地市场。采冰创造了美国的"冷冻文化"，多数家庭都在用放了冰块的箱子储存容易坏掉的东西。采冰行业不断发展和扩张，到 19 世纪末期已形成了一个全球化市场，并在 1900 年达到巅峰。此后，该行业几乎又一夜之间消失了。采冰被制冰所取代。自 19 世纪末期以来，制冰行业一直在缓慢地发展着。制冰厂拥有机械化的冷冻设施，全年都可以快速低价地生产出冰块。它们抢占了采冰行业的市场。每个城市都有制冰厂出现，而且制冰行业在近 25 年里都享受着可观的利润。接着，制冰行业几乎也在一夜之间消失了。冰箱取代了制冰。冰箱行业抢占了制冰行业的市场，让人们可以在家中轻松实现冷藏（使用电力的冷冻柜和冰箱）。

事情是这样的：没有哪位采冰商成了制冰商，而且也没有哪位制冰商成了冰箱制造商。原因是什么？他们的思维内卷了，锁定了自己当前的行为，无法把握更全面的情况，看不到身边正在发生的变化，或者是就算看到了也选择忽视。他们是思维内卷的受害者。

如果我们只要简单地打开一个开关，就能做到苹果公司的标语"非同凡想"那样，事情或许会简单得多。但我们做不到，也不存在这种开关。我们每个人都有大量无意识的思维模式，它们决定了我们面对挑战时的反应。思维内卷是最普遍存在的模式之一。我在前面的章节里给大家介绍了几类思维练习。人们每次在进行这些思维练习时，总是会表现出思维内卷的问题。如果说思维跳跃是首当其冲的麻烦制造者，那么思维内卷就是紧随其后的跟屁虫。边框风暴（思维跳跃缺陷的对策，我希望大家还没有忘记）是必要的，但似乎无法解决思维内卷这个问题。让我再次通过思维病 1 中的思维挑战来向大家证实这一点。这个思维挑战不是枯燥乏味的实验室类型的问题，而是基于现实的案例。不过这是另一个版本。

另一个基于现实案例的思维挑战[①]

假设现在是 1991 年，你是当地一家录像店的经理。该录像店隶属于一家大型连锁店。在当时，录像机还没有自动倒带功能，而 DVD 和流媒体等新媒介尚未诞生。你的店遇到了一个问题：尽管租赁协议上清楚地写明顾客在归还录像带时必须负责录像带的倒带工作，但 33% 的顾客并没有去费那个劲倒带。顾客意见卡显示，这种情况是导致大多数顾客不满的主要原因。那些顾客会认真地倒带后再归还。你尝试了很多方法来解决这个问题，例如，你制定了奖励措施、惩罚措施以及贴"敬请倒带"的告示加以提醒等。你甚至在店里安装了一排倒带机器。但情况并没有任何好转。

你决定找员工来帮忙解决问题。这些员工都是小时制的。你给他们制定了几条必须满足的条件。解决办法必须保证所有顾客都会倒带，这是顾客的责任，不是录像店的责任。不能给顾客造成额外的负担。成本必须达到最低，最好是不增加成本，如果增加成本，最多是每卷录像带几美分。解决办法必须容易执行，不得影响录像店的日常运营。你告诉员工们，他们可以天马行空、随心所欲地畅想，但前提是必须满足上面的各项条件。

[①] 本挑战基于明星录像店（Star Video）的真实故事。该录像店在多年前解决了挑战问题。

我希望你们可以放下本书，控制自己的思维跳跃，先进行边框风暴，然后再花五分钟的时间来试试这个版本的思维挑战。你想到最终得到实施的绝妙解决方案的概率至少大了一倍。如果你先进行边框风暴，然后在五分钟之内解决了问题，这并不会让人感到奇怪。我甚至可以帮助你们节约一点功夫，不要去想什么开发自动倒带的 VCR、DVD 或流媒体。那样违反了该挑战所设定的限制条件，而且要解决问题，并不一定需要发明这些东西。

参与者给我的答案中，出现频率最多的 10 个分别是：制订忠诚计划，如果归还录像带时能保持次次倒带，则可以免费租赁一次录像带；制定罚款的规定，但罚款金额不大；在店内配备更多倒带的机器，并且设置显眼的标识；对录像带进行剪辑，增加提醒倒带的内容；改变录像带或录像带盒子，使不倒带的录像带无法放入盒子内；将电影分别录制到磁带的两面上；对磁带进行剪辑，将电影的结尾放在前面；取消录像店下班后的录像带自助归还箱；招募志愿者来倒带，换取免费租赁录像带的机会；设置录像带自助归还箱，在录像带被放入其中时可以进行倒带。最后一个答案每次都是大家最喜欢的一个。

遗憾的是，这些解决方法无一例外违反了我此前设定的限制条件，而且它们都没有解决问题。现在回过头来看这些答案，你会发现它们存在一个模式，即它们都只盯着一点，也就是将倒好带的录像带归还给商店。让我们再来看看这个问题。它只是要求对录像带进行倒带，并没有提到倒带必须在何时完成，也没有将此作为一个限制条件。这就是思维内卷在作祟了。你的大脑在无意之间有了一个假设，即录像带在归还之前必须倒好带。这是你基于自己租赁录像带时的经历，或者你还太年轻，不了解百视达公司当年的情况，只是根据我讲述的过去租赁录像带的情况做出的判断。

也许在进行边框风暴时，你得到了一些有用的问题，例如，"为什么人们不倒带？"和"我们怎样才能让大家不可能不倒带？"第一个问题的答案就是懒惰。在懂得这点之后，你就会明白为什么此前的方案都没用了。这么低的交易成本是不可能让懒人来承担起自己的责任的。当然，你也不需要那样做。真正的问题是如何让人们不可能不倒带，而且只会增加一点点成本或者根本不会增加成本，同时也不会给顾客增加负担。

明星录像店的真正做法是放弃了那条政策，改为出租未倒带的录像带。他们只是在录像带盒子上贴了一张小贴纸，声明在观看录像带之前可能需要倒带。这个解决方法并没有给顾客增加额外的负担，毕竟一直都必须倒一次带，这点并没有发生改变。改变的只是倒带的时间。如果你租赁的录像带没有倒过带，那么你就要在观看之前倒带。贴纸的成本非常低廉，而且也没有给录像店造成持续的成本。问题解决了。如果你仔细想想，就会发现这和多数洗衣店的做法一样：我们在进行下一轮洗衣时会清理过滤网，而不是在洗完最后一轮衣服时清理。

让我们来看看思维内卷是如何影响我们思考的。

诊断：固守长期形成的思考惯例

"Mst ppl cn ndrstntd ths sntnc wth lttl prblm"，这句话的每个单词都是错误的或不完整的，但如果懂英语，还是能轻易地看懂它在说什么。因为大脑是一种模式建立和模式识别机器，它能立即识别并使用这些字母中蕴含的模式，并且理解它们，尽管这些字母并没有组成完整的单词。

我们的大脑全天候地记录着我们的每一段经历，将感官信息通过电脉冲的形式发送给大脑皮层，也就是承担大脑高级功能的"灰质"。这个过程我们并不知道，而且在很大程度上也是无法控制的。每段新经历都会被作为数据自动存储在我们的大脑内。这是一个累加的过程，通常在存储时是不加任何编辑处理的。尽管电脉冲在几毫秒之内就会消失，但它们在穿过神经细胞时会启动一个分组机制，可以在新信息进入时将它们与其他类似数据归档在一起，从而依次创造出特定的、独特的模式。

不同的模式综合在一起，形成了记忆和认知，久而久之，这些关联就会得到强化，成为心智模式，即范式、偏见和思维倾向。这些心智模式会根据早已根植在我们思维中的强大模式来判断数据和信息是符合还是有悖于这些模式，帮助我们快速地过滤数据，对信息加以分类，使其变成有用的知识，从而在很大程度上提高我们的反应速度。针对这种现象没有特别复杂的专业术语，它从根本上来说是大脑凭猜测进行的工作。

思维内卷缺陷会通过多种不同的方式发挥影响。一种方式就是激发思维跳跃缺陷。前美国中央情报局分析师摩根·琼斯（Morgan Jones）使用下面的例子来说明其工作原理。猜猜看，下面这段话描述的是哪个人呢？

> 这位新任总统是该国历史上最年轻的总统之一。在一月份阴冷的一天，他宣誓就职。他当时是天主教徒。他之所以能坐到这个新位置，是因为他魅力四射，活力十足。他得到了人们的敬重，并且将在该国此后面临的军事危机中发挥至关重要的作用。他将会变为传奇人物。

大多数人会推断这番话说的是约翰·肯尼迪，而且在读到第三句话之前就已经有了自己的答案。这就是思维内卷缺陷在发挥作用，因为还有另一种可能，那就是阿道夫·希特勒。当我向一群欧洲听众讲述这段话时，更多的人想到的是阿道夫·希特勒。所以，这是怎么回事呢？用非神经科学的话来说就是，在大脑识别的部分信息是早已存在的模式的一部分时，我们的快思考就会压倒慢思考，于是我们就只盯着自己的答案，基本上排除了其他可能性。

思维内卷发挥影响的第二种方式就是让大脑自己开始编造答案。我有个最喜欢的例子，可以让大家体会一下思维内卷如何发挥作用。请盯着图 2–3 中的三个直角看一会儿。它们代表了生活中一种无处不在的东西。如果没有了它，我们一整天都会觉得很难熬。你知道它是什么吗？

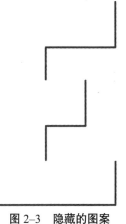

图 2–3　隐藏的图案

如果不知道，那是因为缺少了一个关键信息。但只要我给你那个提示，你将永远改变看这张图片的方式。

准备好了吗？

你们看到的是英语中使用最多的字母的大写。不过这个字母是白色的。看出来了吗？它就是大写字母 E。再看看。黑色的线代表字母 E 的阴影。请注意，不是我创造了这个字母 E，而是你的大脑。一旦你的大脑有了足够的数据可以从记忆库中调出一个既有模式的时候，它就会告诉你那是字母 E[①]。相信我，从现在开始，你看到的都会是字母 E。

要知道思维内卷如何发挥作用，现在就试着不要再去看字母 E 了。再回到你几分钟之前看这几个直角的方式，当时你还完全不知道要盯着白色的地方看，正拼命地想要搞清楚这些线条到底是什么，尝试着从多个不同的角度去看那张图片。

多数人不管怎么努力，现在看到的都会是字母 E。就算有那么一刹那可以成功做到，但他们的大脑很快又会将其变为字母 E。这个图片之所以那么让人难忘，是因为人的大脑让字母 E 变得完整了。不管如何精心或漂亮地装饰，都没有哪个"完整"的字母 E 可以带来同样程度的思维内卷效果。在拿到线索后，大脑就会创造那幅图片，都不用你去多说什么。这个不完整的字母 E 有了自己的新形式，有了自己的生命，拥有了真正的持久力。

---

① 有很少一部分人永远无法看出白色部分有个字母 E。如果你也是如此，不要担心，这并不是因为大脑受损了。

思维内卷的神经学原理

神经科学借用三个基本原理来解释这些持久的模式是如何在大脑内部形成的。这三个基本原理分别是赫布理论、量子芝诺效应和注意力密度。医学博士杰弗里·施瓦兹与医学博士丽贝卡·葛莱登（Rebecca Gladding）合著的《你不是你的大脑》（*You Are Not Your Brain*）一书为我们解释了前面两个原理。

赫布理论

赫布理论简单一点来说就是"一起放电的神经元连在一起"，也就是当多组神经细胞在同时被不断地激活时，它们就会形成一个回路，然后开始步伐一致，组成同一个单元来开展工作。在回路建立后，每当类似的情况发生时，参与该回路的大脑分区就会自动以同样的方式做出反应。这样又会导致回路变得更加强大，于是习惯也就得以建立和维系。

量子芝诺效应

赫布理论发挥作用时，大脑分区不仅仅被激活了，同时还要保持激活状态。神经元通过信号进行沟通，而信号由神经传导物质组成。当这些神经传导物质穿过只有一个离子宽的狭窄通道时，大脑分区就被激活了。这意味着我们的大脑是一个量子空间，遵循量子力学的原理。量子芝诺效应在 1977 年首次由物理学家乔治·苏达山（George Sudarshan）提出。正是该效应让大脑分区能保持足够久的激活状态。

施瓦兹指出，量子芝诺效应就像是胶水，将大脑回路粘在一起，保持激活状态，并且让它们在足够长的时间里保持稳定，以便赫布理论发挥作用。在这种情况下，大脑是"硬连线的"，针对类似的情形会以重复的模式加以响应。

完成这一切的机制被称为注意力密度，我们将在思维病 3 中进行探讨。

为什么我们那么容易受这些模式化思考的影响呢？这一点还真是有趣。哲学家伊曼努尔·康德认为，思维方式的形成不是为了向我们提供这个世界的原始信息，我们必须从一个特别的角度去看这个世界，必须有一定的偏见，这样才能让思维方式具有一定的意义。也就是说，因为思维方式代表了我们独特的世界观，所以我们会本能地靠它们来帮助我们认识这个世界。但这些思维模式是隐藏的，难以识别，而且我们会在潜意识里对它们加以保护。

近 25 年前，已故哈佛大学教授克里斯·阿基里斯（Chris Argyris）对思考的模式有深入的研究，并最终提出了"心智模式"（mental model）这个词语。他喜欢用这个词语来形容我们个人看世界的方式。阿基里斯甚至提出，我们的许多心智模式都存在缺陷，因为指导我们行为的多数心智模式都与四种目的中的一种有关。这四种目的分别是保持控制、最大限度地提高收益减少损失、抑制负面感觉和尽可能地保持理性。他认为人们之所以这样做，为的就是避免威胁和尴尬。

阿基里斯表示，人们的心智模式会重复出现，他称之为"推论的阶梯"（ladder of inference）。其工作原理是这样的：你经历了一些事情，然后那段经历就变成了阶梯的第一级。你针对该情况运用了自身的理论，这就成了第二级。接着你会进行假设，得出结论，然后有了自己的信念。最后，你才采取行动。在攀爬这个阶梯的时候，你的想法会变得越来越抽象，越来越远离现实情况。因此，你就容易采取不太理想的行动，这也就能解释为什么我们的许多设想和解决方案并不能取得理想的效果。

因为这个程序会进行自我反馈，所以它也就会强化你的心智模式。下一次，当你面临新情况时，从一开始你的思考方式就存在缺陷。

良方：逆向思考——松开思考束缚，探索各种可能性

要解决思维内卷的缺陷，方法就是进行逆向思考。它将帮助你转变自己的思考方式，从一个全新的、独特的视角去看事物，从而在大脑内部激发新的神经连接，有效地改写既有的神经连接。这番话也许听起来晦涩难懂，但请放心，这绝对不是在骗人。思维改变大脑回路的能力已经得到了科学的充分验证。这种能力被称为神经可塑性，而且是可以通过各种技巧来自我定向的。

例如，在帮助强迫症患者解锁自己的大脑时，杰弗里·施瓦兹博士使用了一种四步工具。这种工具要重新诠释和定向他所谓的"欺骗性的大脑信息"，从而克服适得其反的思想和行动。这四步分别是重新标记、重新定义、重新聚焦以及重新评价。事实已经证明，这四步可以有效地帮助强迫症患者改变他们自我毁灭式的认知方式。它们首先让患者脱离牢牢控制他们的、锁定了的大脑回路，然后激发和指向更有益的想法，形成健康有用的新模式，让心智模式彻底"换挡"。施瓦兹博士认为这是在强有力地、人为地，但也是小心谨慎地推翻大脑的信息自动传输。"大脑可以牢牢地控制我们的人生，但前提条件

是你要给予它机会，"施瓦兹说，"好消息就是你可以通过学习来揭穿那些过去成功让你接受的神话，克服大脑的控制，改写你的大脑回路，让它为你所用。"

我想，如果它也能够帮助强迫症患者解开像他们那样被牢牢锁死的大脑，肯定也能帮助我们解决日常生活中的思维内卷问题。施瓦兹博士"换挡"的比喻的确恰如其分。逆向思考的确就是从相反的方向来进行思考的。

我最喜欢的逆向思考技巧是在多年前和数家工业设计公司合作时学习到的。这几家工业设计公司都有各自喜欢的思维方式。不管怎么用文字去形容，这个技巧的目的都不会发生改变。它的核心就是改变我们当前可能固有的视角，将事物颠倒或旋转 180 度，开启一些新的、不同的思维渠道。

逆向思考方法："相反的世界"①

相反的世界就是将你面临的挑战的正常情况、本质特征或关键特性进行反转。例如，这种反转可能是要拆除某些东西（比如去除洗发

---

① "相反的世界"源自《宋飞正传》（*Seinfeld*）在 1992 年名为《相反的人生》（*The Opposite*）的一集剧集。剧中的人物乔治·科斯坦萨（George Costanza）相当绝望，因为他一生所做的每个决定都是错误的。他哀叹道："我的人生和我想过的人生完完全全就是反着来的。"宋飞建议，既然乔治所有的直觉都是错误的，那么反着来就应该是正确的。于是乔治在吃午餐时放弃了常吃的东西，点了相反的东西，这吸引了一位漂亮女士的注意。后者刚刚也点了同样的三明治。乔治没有本能地去撒谎，而是诚实地告知这位女性，他失业又破产了，住在家里。她被乔治所吸引，安排他接受自己叔叔的面试。她叔叔为纽约洋基队工作。在面试过程中，乔治对球队老板乔治·史坦布瑞纳（George Steinbrenner）大肆抨击，而这种行为让他得到了自己理想的工作，有能力购买公寓。仅仅因为完全反着自身的本能而来，他的整个人生就发生了彻底的改变。

水瓶子的瓶盖或者是去除手机上的物理键盘），倒着来进行某项行为
（例如在出租录像带时提供未倒带的录像带，或者是由厨师来决定就
餐者吃什么），或者甚至是完全地夸张或脱离现实，达到纯粹的幻想
程度（例如照相机只有一个按钮，或者是人们睡觉也能挣钱）。

在编制了要逆向思考的清单后，清单上的每一条都会成为头脑风
暴或边框风暴的起点。

这项工作主要分为三步。

第一步：列举特性

让我们使用常见的传统马戏团的例子来说明。这个例子最初是
由斯坦福大学的蒂娜·齐莉格在其 2009 年所著的《真希望我 20 几
岁就知道的事》（*What I Wish I Knew When I Was 20*）一书中提出的。
她在她的企业家精神课程的授课中解释了如何来解决"问题盲点"
（problem blindness）。

传统的马戏团有一系列固定的元素：小丑、叫卖纪念品的小贩、
多个帐篷、闹哄哄的音乐、打造"明星"效应、动物们、廉价的门
票、主要面向孩子们。

第二步：针对每个元素列出其相反的特性或对立面

继续以马戏团为例：

小丑·······················没有小丑

叫卖纪念品的小贩···········没有叫卖纪念品的小贩

多个帐篷···················只有一个帐篷

闹哄哄的音乐·················高品位的音乐

打造"明星"效应·········打造表演团队

动物们·······················没有动物

廉价的门票·················票价高昂的门票

主要面向孩子们·········主要面向成人

现在，大家可能也会有点落入思维固化的陷阱了，脑子里冒出了太阳马戏团。这种情况就像本章前文中想到的约翰·肯尼迪的例子一样。当然，这是一种非常自然的情况。之所以会在此加以强调，一方面是为了说明逆向思考的强大作用。而要说明这一点，就必须回看一些在我们看来有悖于传统的，甚至是颠覆性的东西。爱彼迎就是反传统酒店或住宿加早餐的模式而经营，它们自身并没有任何物业。优步是反传统的出租车和豪华轿车服务而为之，它们自身并没有车队。特斯拉汽车则是反燃油发动机汽车而为之，至少在一定程度上是如此，因为它们并不使用汽油作为燃料。

不过，更重要的一个原因在于，面对某个概念时，突破当前的或传统的思考方式，从完全相反的角度去思考，这样你就能轻松地找到值得进行创造性探索的新道路了。接下来也就进入了第三步。

第三步：利用相反的特性清单来进行边框风暴/头脑风暴

让我们来看看你的相反特性清单。它可能没法让你直接看到解决方案，但这些相反的特性可以为你提供起点，让你利用它们来进行边框风暴，先后提出为什么（不）、如果、怎样这些问题，启发新的创造性思考。

在完成这些工作后，你或许会惊讶地发现自己的思考是多么偏离正轨。我经常使用一种有趣的方法，就是针对自己面临的挑战去思考这个世界上最糟糕的解决方案和战略会是什么，这个最糟糕的解决方案会有哪些要素，每种要素的反面情况又是什么。你可以使用的方式众多，具体取决于你要解决的挑战和涉及的人员。不管使用哪种方法，唯一能限制你的就是你的想象力。

例如，我曾经与一群人合作，他们希望改变组织文化，也就是"这里的工作方式"。当时我采用了一个版本的"相反的世界"的方式。我请他们首先列出其组织内的"圣牛"[①]，比如规范、程序、规则以及当前文化中没有商量余地的东西。接着，他们要针对这些元素思考其反面情况，于是立即就有了众多文化转变。例如，"每天必须到办公室上班"这条圣牛就变成了"不用每天都到办公室报到"。由此也就带来了众多可能性，而其中最重要的、影响最持久的就是一种新的常态，即只注重工作成果的办公氛围。

在另一个例子中，我将这种方式稍微进行了调整。就在 2008 年经济危机爆发前不久，我参加了一家房地产开发公司召开的管理层静修会。会上，我请该公司高管团队进行了一次想象练习。当时该公司经营得红红火火的，房地产市场一派繁荣，完全看不出前方危机重重。一般来说，练习的内容会是展望一下三年后公司会取得何种成功。但在当时，我请他们写了一份名为《安息》的公司讣告，相当于

---

① "圣牛"是指不容批评或质疑的人或物。这个词语源于印度教中牛是神圣不可侵犯的，是上帝对人类宽宏大量的标志。自 20 世纪以来，100 余年内，这个词语一直被用来打比方。

事后来反省导致公司走上末路的主要艰难困苦、缺点和失败。能有这种巧合，纯属运气。接下来，我请团队成员将清单上的问题和失策按照潜在影响的大小进行排序。他们必须针对所有需要优先考虑的问题制定战略，确保这种情况未来不会出现。

一直到现在，该公司的首席执行官始终认为这个练习不仅仅帮助公司安然地度过了市场低迷期，同时还帮助公司在经济开始复苏之时能再度兴旺发展。

知识点

思维内卷

　　我们的大脑是熟练的模式机器，让我们能够高效地运转。遗憾的是，这些模式化的运转会变得根深蒂固，让我们难以看到事物的真实情况，而只能看到它们可能的情况。通过对当前的现实情况加以逆向思考，我们可以创造出新的模式，松开思考的束缚，探索各种可能性。

想得过多

一个从不犯错的人肯定从未尝试过任何新鲜事物。

阿尔伯特·爱因斯坦

我面前坐着 40 位六西格玛黑带人士，他们都警惕地打量着我，眉毛紧锁，眼神里带着质疑。我应邀向他们介绍设计思维，该创新流程可以帮助没有经过设计训练的人使用设计师的敏感度和工具来应对各种挑战[①]。他们之所以对我有所怀疑，是因为我在六西格玛方面没有任何资历。事实上，我向他们坦承，不管是六西格玛还是其他几西格玛，我都知之甚少。我还记得当初，一支来自政府部门的六西格玛专家队伍曾经去参观丰田公司的一家工厂。其中一位专家为眼前所见而惊叹，询问工厂经理他在"六西格玛的实施方面"有多长时间的经验。这位经理却反问道："什么是六西格玛？"

关于设计思维，我最喜欢的切入点是"棉花糖挑战"（the marshmallow challenge）。这个挑战最初是由彼得·斯基尔曼（Peter Skillman）2006 年在 TED 大会上提出的。彼得·斯基尔曼曾经在产品设计公司

---

① 设计思维可以追溯到 1969 年赫伯特·西蒙所著的《人工智能学》（*The Sciences of the Artificial*）一书。设计企业艾迪欧公司和斯坦福大学设计学院让这个概念广为流传。我也是在斯坦福大学设计学院学习的这种功能思维。本书使用的是艾迪欧公司对设计思维的定义。

艾迪欧公司担任设计师。这个挑战练习就是给四人小组 18 分钟，让他们使用 20 根直条型意大利面、0.91 米的纸胶带、0.91 米的绳子和一块棉花糖来搭建独立式结构，越高越好，其中棉花糖必须位于结构的顶部。除了棉花糖之外，你可以对各种材料进行改动加工，而结构的高度是指塔底和棉花糖顶部之间的垂直高度。因为有多支队伍参与，所以这项挑战也是一种竞赛。这次挑战给我们带来了众多经验教训，其中涉及合作、规划、激励和实验等多个方面。这个练习可以从多个方面来加以总结，具体取决于你想着重强调哪个方面的经验教训。我使用该挑战来强调我个人最喜欢的一点，也正是彼得·斯基尔曼自己说过的一点。1999 年，美国广播公司（ABC）《午夜热线》（*Night line*）节目制作了一档艾迪欧公司专题节目，介绍这家设计公司如何花了五天的时间来彻底地重新思考和设计杂货店的购物车。节目中，彼得·斯基尔曼说："除了天才般的规划之外，还要从试验和错误中得到启发，这样才能取得成功。"

之所以让那群六西格玛黑带们去尝试这个挑战，是因为我相当肯定，这个房间里正在眯着眼睛看我的是 40 名独一无二的天才，我必须让他们完全理解斯基尔曼的那句话。如果做不到，他们就无法认可设计思维与创新思维是两种截然不同的方式。我开始组织那场 18 分钟的测试。

症状：过度分析，让简单的问题复杂化

大家有 18 分钟的时间。我告诉他们，赢的队伍将会得到一份特别的奖励。大家开始动手了。他们在数字分析领域接受过大量的训

练，所以我预计他们会事先进行大量的情景评价。我果然没有猜错。我看到其中两支队伍在数意面数量。有一支队伍将所有意面竖了起来，按长短把意面分组。另一支队伍将绳子摆在纸胶带上，看绳子和胶带是否同样长，是否都达到了 0.91 米。每支队伍的反应不尽相同，或者说略有差异。因为我是旁观者，所以看得很清楚。那略微的差异将会带来截然不同的结果。我相当肯定。

还剩 16 分钟的时候，部分队伍开始分配角色和任务，有效地明确如何开始搭建工作。他们正在建立自己的组织，但明智地选择不去绘制组织架构图。多数队伍正在热烈地讨论该意面塔的基础结构。所有队伍都将棉花糖放在一旁，把所有精力都放在如何建立一个稳固牢靠的结构上。

还剩 14 分钟了，大家都开始搭建基础和柱子。大家共用胶带将基础和支架粘在桌面上，然后使用胶带将意面绑在一起，再使用胶带继续往上搭建。多数队伍都采用了三角形结构。当前还没有谁开始使用绳子。

还剩 12 分钟了，一半队伍已经搭建起某种独立的结构，正在想方设法继续往上搭建。另一半队伍正在搭建自己的支柱。部分队伍正在思考如何使用绳子。

还剩 10 分钟了，意面塔的结构已经搭建起来了，大家在忙着脚手架的搭建工作。

还剩 6 分钟了，大家的工作内容没有什么实质性的变化……所有队伍都在忙着工作，一心放在意面结构的高度和稳定性上。大家不怎么说话，似乎人人都全心全意地投入在工作中。

还剩 3 分钟了，一支队伍似乎已经准备给自己的意面塔戴上棉花糖"皇冠"了。为了安全起见，他们又加上了几块胶带，这样就好了。旁边几支队伍注意到了那支队伍的进展，发现自己必须加快步伐赶紧完成自己的结构搭建，于是便催促队友们赶紧干。大家开始感到压力越来越大了。另一些队伍正在努力工作，完全没有注意到那支队伍可能会赢得比赛。

只剩下 2 分钟了，一支队伍已经完成了棉花糖塔，但塔正在慢慢倾斜。他们取下了棉花糖，对意面结构进行了加固。我提醒大家只剩下 2 分钟了，以免他们没有去注意房间前方屏幕上计时器显示的数字。当前，还没有哪个结构可以在技术上做到不需要任何支撑物。大家开始慢慢意识到棉花糖比他们此前估计的重。

只剩下 1 分钟了。房间里的气氛逐渐变得紧张起来，甚至多了一点惊慌。没有哪支队伍希望自己到时间结束时连塔都没有搭好。一支队伍已经搭建好了自己的塔形结构。我量了一下，有 52.07 厘米高。

时间到！只有一个塔形建筑完成！有三个塔形建筑在顶部放上了棉花糖，但必须用手扶着以免倾斜。10 支队伍中，有 9 支队伍根本没有用到那段 0.91 米的绳子。大家都显得局促不安，因为他们意识到大多数人都没能完成搭建棉花糖塔这个基本任务，更不用说去追求搭建最高的棉花糖塔了。冠军不言而喻。我宣布了冠军得主，并且颁发了特别奖———整袋棉花糖。

"那么，我们来总结一下整个情况吧。"我说。在对练习进行汇报总结时，我将重点放在了其中的经验教训上。我请他们猜猜谁在这种挑战上表现会最糟糕。一些人开玩笑地插话说："六西格玛黑带们！"我告诉他们，答案接近了。真正的答案应该是刚刚从商学院毕业的人。我承认，我自己也曾重新到大学回炉，学习 MBA 课程。接着，我问他们，那究竟哪些人会表现最出色呢。有些人大声地回答说："孩子们。"正确。表现最出色的是刚刚从幼儿园毕业的孩子们。

研究显示，被搭建出来的意面塔平均高度为 50.8 厘米。首席执行官、刚毕业的 MBA 以及律师们表现最糟糕，成绩远远低于 50.8 厘米的标准。而幼儿园孩子们的成果都大幅超过 50.8 厘米的标准，平均达到近 76.2 厘米。至于个中缘由，也正是我希望强调的，就是幼儿园的孩子们可以在规定的时间里成功搭建五个原型，而其他人只能勉强赶在时间结束前完成一个原型的搭建工作。

孩子们会快速将重点放在真正的问题上，也就是那块棉花糖上。但其他人则将重点放在解决方案上，也就是结构上。孩子们不了解几何学、物理学、组织学或行动计划等，因此也不会受这些方面的约束。他们放开手脚，立即将重点放在自己面前最大的东西，即那块棉花糖上。他们通常可以在五分钟的时间里就搭建好一个无须其他东西支撑的意面塔。虽说不是最高的，但肯定能够独立站立起来。接着，他们开始以此为基础，再尝试至少四次增加意面塔的高度，每次都能让塔的高度增加些许，让塔的强度和稳定度也有所增加。他们倾向于更大程度地使用各种材料，包括那段绳子。这段绳子通常会被用作稳定意面塔时的准绳。

与此同时，世界上知识最渊博、头脑最聪明的规划师会进行过度

分析，让相当简单的问题变得复杂，有意识地假设棉花糖对一个牢靠
稳定的建筑物而言不是问题，并且常常会将这种假设说出来，尽管毫
无根据。因此，他们把棉花糖放在一旁，将所有的时间都花在如何根
据那个假设来搭建结构上，从根本上忽视了"无需任何外部支撑物"
的限制条件。为什么要浪费宝贵的时间来测试它们的结构呢？他们相
信自己的计划能够成功，所以他们用足了力气，一心想打个全垒打。

他们都错了。他们已经成为"想得过多"这个缺陷的牺牲品。

诊断：痴迷于计划、掌控感和保持正确

乔治·巴顿将军曾经说过："没有任何作战计划在与敌人遭遇之
后还会有效。"前重量级拳击赛冠军迈克·泰森则对巴顿将军的这句
话加以了发挥："每个人总有他自己所谓的计划，直到嘴巴被重击了
一拳。"

问题在于，我们对计划的这种热爱源自何处呢？一部分原因在于
我们人类在进化过程中对资源的孜孜以求①。资源越多，我们心里的
安全感越足，觉得自己越有保障，越有控制力，也越能远离风险，从
而生活得更美好。事实上，情况通常是相反的。我们越想要控制和管
理显而易见的风险，面对的风险就会越多。这是因为我们自认为得到
的保护越多，警惕性就会越低。

---

① 漫长的进化过程中，我们不得不去收集和储存各种物资，以应对严酷的生存环境。这点
给我们留下了深深的烙印。充足的资源仍然会让我们感到开心。如果不信，你站到好市
多（Costco）或山姆会员店外面看看。当人们推着购物车走出来，里面放着 48 卷卫生
纸时，脸上的笑容是多么地灿烂。

例如，如果你的车刚刚换上了全新的刹车片和轮胎，那么你的驾驶行为将会发生变化。肯定不是什么翻天覆地的变化，但变化幅度通常也足以给你带来危险。因为你认为自己的车更安全了，制动性能更好了，所以开车时速度就会快一些，刹车也不会那么及时。这一系列提升本意在于更好地确保你的安全，而你却下意识地将它们理解为一种性能优势。另一方面，如果你知道自己的刹车片要换了，轮胎花纹也磨平了，开车时速度就会慢一点，刹车也会积极一点，从而更加安全，这也是你最初换刹车片和轮胎的目的。由此可见，有时并不是充足的资源让你更加安全了，而是资源的缺乏给你带来了安全。

让我们回头再来看看洗发水和录像带挑战中人气最高的一些解决方案。请记住，这两个挑战中都有几个限制性条件，即不能增加工作人员的负担，并且增加的成本必须几乎为零。请注意，参与者提出的所有解决方案几乎都忽视了这些限制性条件，都必须增加大量的资源。因此，我非常喜欢手铐和棉花糖这两个挑战。这两个挑战提供的物质资源都相当少，也是固定的。这正是现实世界的真实情况。

能利用有限的资源进行创造性思考，这种能力是艺术家的标志。达·芬奇的杰作《蒙娜丽莎的微笑》清楚地证明了这一点。这不是一副大尺寸的名画，尺寸不是这幅画的重点。约束力始终决定一切，依靠冗余的资源或忽视限制因素，这些不仅会扼杀创造性思维，同时也会导致想得过多。

"想得过多"的神经学原理

还记得我们在上一章中提到，量子芝诺效应会让大脑分区长时间保持活跃，足以让赫布理论（"连在一起的神经元一起被激活"）发挥作用。但具体是怎样做到的呢？这是通过集中注意力，也就是注意力密度来做到的。

注意力密度

注意力密度让量子芝诺效应"发挥作用"，并且通过激活赫布理论，让集中的注意力发挥强大的影响力。注意力越集中，你的大脑中就越可能形成某种特定的习惯。重复将注意力集中在某件事情上，就会强化大脑回路，由此也能解释学习骑单车是如何让骑单车的行为变成一种自然而然的行为的，以及为什么习惯难以改变。

注意力密度是一把双刃剑，也就是说它能帮助你，也会害你。当你将注意力集中在一些强大且持久的大脑回路上时，它会让你减缓速度，甚至是让你"死机"。运动员和其他表演人员会经历这种情况，它被称为 chocking 现象，即多年的练习让一些行为变成了自动行为，而当把注意力都放在这些行为上时，这些下意识的行为在压力之下可能就会衰退。

换言之，想得过多事实上是一种不利的行为。《自然神经科学》（Nature Neuroscience）杂志上最近发表的一份研究报告提到，研究人员使用功能性磁共振成像来衡量人们的大脑活动。实验中，被试使用键盘敲出六组不同的 10 位数（如 1341244523）。在六周的时间里，他们练习敲出每组数已经达到了数百次，直到最快的学习者已经熟练到在不到 1 秒钟的时间里就能敲出每组数。

实验结果显示，那些学习数列最快的人同样会更快速地跳出我们在思维病 2 中所说的慢思考，也就是帮助我们解决复杂或陌生挑战并积极做出决定的深入思考。

研究者认为，"当信息早已经存在于你的运动记忆中时，思考就可能会起到阻碍作用。如果你停止苦苦思考，那么事实上表现会更加出色"。他们同时强调，他们从实验中主要发现了脱离特定认知过程的能力与快速学习的能力之间存在一定的关联，但并未证实两者之间存在因果关系。

科尔盖特大学（Colgate University）神经学家尼尔·阿尔伯特（Neil Albert）并未参与这次研究。他指出，这次研究的发现有助于解释为什么孩子们在学习新语言时要比成人强。"他们可以吸收基本构建，不会深陷分析的泥潭中。孩子们没有成人的那种高层次认知资源。"

这肯定也进一步证实了棉花糖挑战的结果！

另一方面的原因在于我们需要有把握，需要保持正确，而这种需求可以追溯到我们的学习和教育方式。是的，我所说的学习和教育是两回事。

先来看看自然学习。我们在进入课堂之前，早早就开始了自然学习。从各个方面来说，进入课堂之前的时光是我们学习最快的时期。在这段时间里，最大的特色就是失败一个接一个，我们学会了微笑，学会了抬头，学会了翻身，学会了抓东西，学会了坐，学会了爬，学会了走，学会了说话……一切都是一种尝试，第一次很可能都会做错。有些事情现在看来就是失败，但当时在我们眼中并非如此。那只是一个持续学习和发展进步的过程，这就是成长的本质。

我清楚地记得我女儿还是婴儿时，曾经坐在自己的儿童餐椅里将食物扔到地上。她是一个相当完美的小小学习者，非常好奇如果将自己的胡萝卜泥丢到地上会怎么样。我敢肯定她脑子里立马有了一个明确的想法：我要怎么将它们弄到地上去呢？或许她没法用话语来表述这个想法，因为她还不会说话。我看着她的眼珠转来转去，观察到她可能有多个假设。她可以将放在盘子上的整个碗打翻在地，她可以弄满满一勺子萝卜泥后将勺子里的东西倒在地上，或者简单地抓起一把丢到地上。这是三种实现她想法的可行方法。

现在，有趣的一幕开始出现了。她迅速决定尝试一下打翻整个碗的方法，并且开始了自己的试验。对她而言，衡量成功的方法相当明显，就是地面上有食物了。她的试验也相当成功。事实上，结果超出了她的预期。碟子落在瓷砖上摔碎了，而碎片的声音让她跟着发出了欢呼声，地上到处都是食物，妈妈忙着收拾。太棒了！太有趣了！整个试验相当成功，所以她认为这是自己最好的试验方式。妈妈收拾干净，给她的盘子重新盛满了食物。她像任何一位优秀的科学家一样，要验证自己的试验成果。不过这一次，试验的反应有所不同了，没有第一次试验那么美好了。妈妈不是很高兴，爸爸也参与进来了。她总结了经验。所以，她开始了另一场试验，这一次是尝试用勺子。

我的女儿没有得到过任何帮助或指导，但她自己学习得很好，而且是通过最有效的方式来自学的。她通过快速的尝试来满足自己天生的好奇心。在这种学习方式中，先有试验再有经验教训。她没有什么失败的感觉，因为她还没有形成这个概念。因为没有挫败感，所以她在学习和尝试过程中无所畏惧。

不久，这种学习方式就消失了。一进入课堂，她这种通过试验来进行大胆学习的方式就被另一种新学习方式取代了。她的老师现在会提问，而她必须正确回答。于是对正确和把握的需求就会增加。她在幼童期的学习方式已经完全被颠覆了，现在她面临着一种新的试验，是在学习之后再进行测试。在这种测试中存在正确和错误的答案，而且也有了 F（失败）这个成绩。测试成绩也会带来害怕的心理。因为作业、小测试和考试的要求越来越高，她也就越来越多需要计划好自己的时间，避免失败。

三年级的时候，她懂得了测试和试验是两回事。试验是科学课的内容。她现在也知道了，"实验室"是一个"有趣"的地方，她可以停下"真正的学习"来进行试验。试验是试验，学习是学习，两者不同。停下学习去试验是错误的。

好消息就是，职场现在已经发现我们的教育机构存在着这些错误，并且正大力鼓励人们保持孩童般的好奇心和尝试兴趣，就像我们刚刚进入这个世界时一样，迫切地去迎接新东西。查尔斯·凯特林（Charles Kettering）曾经对此有过精彩的言论："事实上，没有任何东西一开始就是正确的。失败，一次次的失败，是通往成功的指路牌。当你不想失败的时候，就会停止尝试。每失败一次，你就会向成功迈进一步。"

由此，我们也得出了我们会想得过多的第三个原因。拥有分析意识是一个很好的起点，但我们真正需要的是可靠的方法，能够将学习和尝试重新联系在一起，重新激发我们天生的学习方式。在我看来，我们要做的就是让自己重新找回在幼儿时期了解这个世界的方法。

幼儿园的小朋友们在进行棉花糖挑战时懂得这个简单的秘密。

良方：原型试验——便宜、高效地确定方案是否可行

想得过多的补救方法就是原型试验。这种方法就是我女儿坐在儿童餐椅上时使用的方法，也是我们在科学课上再次学到的方法，即提问、假设、试验和反思。原型试验是原型制作和试验的整合。原型的定义是潜在解决方案的早期模型，可以通过多种形式呈现，比如战略这种纯粹的概念，也可以是产品这种实物。不过从比较宽泛的角度来说，任何形式的原型从本质来说都是根据一定的知识和信息对未来加以猜测。有根据的猜测，说得好听一点就是假设 ①。假设的目的就是为了能指导试验和尝试。制作原型就像是在玩耍，而试验就是有目的地玩耍。因此，我选择用原型试验来解决想得过多这个问题。想得过多的问题可以通过两个步骤来解决，而那个词语的确体现了这个两步流程的核心……无须过多去思考！

有两个强大的工具能够帮你开启原型试验游戏。第一个工具是一个简单的问题，用于梳理你的假设。第二个工具是一个简单的框架，用于针对那些假设来设计试验。同时快速地交替循环使用这两个工

---

① Dictionary.com 对假设的定义是：（1）一个或一系列主张，旨在解释某具体现象的产生。该主张既可以是指导调查分析（工作假设）的临时猜想，也可以根据既有事实做出，被公认为可能性很高；（2）在论证中被认为是前提的主张；（3）条件命题的前提；（4）单纯的假设和猜想。

具，就能创造出强大的原型试验方法，克服想得过多的问题。

表明假设：哪些方面必须是真的

通过观察那些六西格玛专家和其他数百人在棉花糖挑战上的表现，我们明显可以看出，他们认为这个练习只是一个项目，因为他们立马就跳到了项目计划和管理之类的行为上。他们会分配角色和资源，旨在"一步到位"，直接创造出产品。但按照逻辑顺序，我们必须先针对问题制定有效的解决方案，然后才能建立项目。

罗杰·马丁（Roger Martin）在《商业设计：通过设计思维构建公司持续竞争优势》（*The Design of Business*）一书中清楚解释了"有效"和"可靠"之间的区别：

> 许多企业……非常善于使用算法得出可靠的结果。所谓可靠，就是该结果可以预测，且始终保持一致……一心追求可靠性的公司缺少工具来追求有效的成果，即能带来理想效果的成果。事实上，很多组织认为有效的结果没有价值。因此，也就不奇怪为什么这些组织并不懂得如何来管理追求有效性的行为，以创造持续的商业价值。对有效结果的追求能推动知识的发展，而这种追求要求另一套工具和流程。

在本章介绍的棉花糖挑战中，这一点彰显无疑。这些六西格玛黑带人士几乎都认为他们早已拥有了有效的问题解决方案，并且开始采用可靠的方法来实施方案。正是这个关键性假设导致他们走偏了。还记得我们的准则是怎么说的吗？第一句话就是"表面看似问题的事情不是问题"。

天生的热情和乐观让我们大家无意之间就会出现思维的跳跃，但如果想要成功地战胜巴顿将军所说的"与敌人的遭遇"，避免泰森所说的"嘴巴被重击一拳"，我们就必须先克服自身对潜在解决方案固有的假设。如果不刻意去整理、表明和试验这些假设，那么这些对未经证实之事物的信仰就会变成我们的盲点，让我们精心制作的计划泡汤。

正是因为如此，我们常常被劝说不要去做假设 ①。我们不善于评估和验证假设。但我们不懂的东西要远远多于我们所掌握的知识，所以假设是无可避免的。在大脑游戏中，输赢取决于我们如何来处理和利用这些假设。

关键就在于使用的方法。经验告诉我，对多数人而言，尝试列举自己的假设没有用。原因有两个。一是，假设在我们的脑子里根深蒂固，难以发现，所以需要有好用的工具让我们保持一定的客观性。还记得我们在上一章中对思维内卷的讨论吗？二是，多数人求省事，为了避免看上去变数太多，会倾向于列举"已知的"事情。从定义来说，假设就是一些未知的、未经试验的事情，是一种猜测。我们害怕未知，所以不愿意把未知的东西讲出来，广而告之。那太可怕了。

要表明假设，将它神奇地变为一种优势，我发现最佳的方法就是提出一个重要的问题：哪些方面必须是真的？

这种方法是向罗杰·马丁学来的。他使用该方法已经有 20 年了。他曾提供了一次失败的咨询服务，客户直接和他的建议对着来，最终

---

① 大家应该还记得那句老话吧："不要去假设，假设会让你我变成蠢驴。"

导致自身损失惨重。这让他开始反思自己提供咨询服务的方式。之后，在一次后续的咨询服务中，虽然他非常清楚客户最佳的选择是什么，但他突然意识到，自己想什么根本就不重要。真正重要的是客户在想什么，因为最终负责选择和实施的人是他们。

> 为了表明假设并将其变为优势，请提问：哪些方面必须是真的?

正如马丁所说的："陷入僵局时，我的脑子里冒出了一个想法。我没有让他们针对各种可选方案讨论哪些是真实的，而是请他们针对摆在桌子上的这个方案进行分析，如果它要成为一个精彩的方案，哪些方面必须是真的。结果令人惊奇。大家不再为自己的观点争论不休，而是开始相互合作，去认真了解这些解决方案背后的逻辑。人们不再尝试去说服其他人这些解决方案的优点有哪些，是否能说服其他人靠的是解决方案本身。这个时候，我非常清楚出色的顾问应该扮演什么样的角色。顾问不要去尝试说服客户相信哪个选择是最佳答案，而是要组织流程，让客户自己去说服自己。"

目标并不是搞清楚所有的假设，而是要搞清楚那些风险和不确定性最大的假设，即"对未经证实之事物的信仰"。有几类假设值得我们去考虑，具体取决于特定原型的抽象程度。例如，要确定某战略原型是不是优质的选择，就必须就行业架构、市场细分、销售渠道、成本结构和竞争反应等方面思考哪些必须是真的。对于产品或服务的原型来说，则必须思考用户真正看重的是什么。

如果你的想法是明智的选择，那么哪些方面必须是真的? 当你有了答案清单后，也就拥有了争取成功必须达到的一系列条件。这份清单就是你对未来有根据的猜测，也就是你的假设。于是，你接下来的任务就是分析这些假设中哪些可能不是真的，因此也就表示它们会是障碍……是潜在的"重击嘴巴的那一拳"。

最简单也最有效的方法就是先问问自己：在那些必须为真的假设中，我最担心哪一条可能不是真的？

在棉花糖挑战中，必须是真的假设中，哪一条最让人担心？肯定就是棉花糖不会让面条折断。

在必须是真的假设中，最让你担心的是哪一条，你就针对哪一条设计初始试验。

测试假设：试验设计

进行原型试验的目的就是克服想得过多的缺陷，提高成功概率。因为原型试验可以揭示我们对未来有哪些假设，然后通过试验来测试自己的想法。请注意，假设必须得到测试。原型试验就是要选择难度最小、速度最快和成本最低，同时也最适合假设的抽象程度的试验方法。企业战略原型的初始试验不同于棉花糖塔的原型初始试验。不过，这些初始试验同所有出色的试验一样，有共同的前期设计元素。

在试验设计方面，我更喜欢迈克尔·施拉格（Michael Schrage）在其《创新者的假设》（*The Innovator's Hypothesis*）一书中介绍的方法。我喜欢施拉格对试验的定义，因为它让我想起了罗杰·马丁对有效性的定义："容易复制的假设试验，可以带来有意义的知识和可以衡量的结果。它能让我们对行为和结果之间的关系有一定有意义的且可加以衡量的了解。这种了解的重要性和意义取决于该简单试验的设计、执行和诠释。"

施拉格对假设的定义是"对未来价值创造的、可以试验的信念"。我很喜欢这个概念。他假定结果和行为之间存在一定的关系。在实施过程中必须有衡量指标去评估价值。我更喜欢他关于如何构建高质量假设的、随手可用的填字游戏：

- 团队认为培养发展这种（行为／能力）将可能带来（理想的结果）；
- 我们相信这点，因为我们的（衡量指标）（发生了大幅改变）。

最后，施拉格肯定，原型同样也是一种假设：

> 原型是对未来有根据的猜测。未来该原型会表现如何？未来潜在用户对原型会有何种反应？未来该原型会如何生产？未来人们会如何销售或推销该原型？未来研究人员将如何进一步探索和试验其技术特色和功能？未来设计人员将如何进一步确定或调整其外观？等等。原型向人们描述了值得试验的潜在未来发展。原型的设计假设表明了设计选择将如何创造价值。

原型就是一种假设。六步试验设计相当简单，再无更多的解释。只要用你最担心的假设来进行"哪些必须是真的"练习就可以了（参见表 3–1）。

表 3-1 试验设计模板

条件	
在那些必须是真的假设中，我们最担心哪些可能不是真的	为什么要这么担心
假设	
我们必须学习什么	我们对未来的价值创造的信念是什么？该信念必须能加以测试 "我们认为（行为 / 能力）将可能带来（理想的结果），因为（衡量指标）（发生了大幅改变）。"
试验	
我们要如何对自己的假设进行试验	我们将采用什么指标作为自己的验证标准，据此来判断试验是否取得成功

"抓住快速的试验学习曲线，"施拉格写道，"你将会兴奋激动，动力十足。试验得越多，难度就越低。难度越低，你也就会试验得越多。这样就形成了美好的良性循环。如果你和同事试验增多，但快速试验并没有变得更容易，那么你们的方法就有误。只要方法正确，就能取得令人惊奇的结果。你不自觉地就会做得很棒。"

原型试验之所以那么美好，在于它让我们通过学习掌握了有效的新知识。这也正是我女儿坐在宝宝餐椅中进行食物试验时采用的学习方式。正是试验给她上了宝贵的一课。

于是"想得过多"这个缺陷也就随之消失了。

想得过多

我们之所以会想得太多，有多方面的原因，其中包括在人类进化的过程中，我们一心希望得到充足的资源。此外，正规教育强调的是确定性和可靠性，在学习后再进行测试。对原型进行简单、快速和低成本的试验，能够改变这种状态，重拾人们与生俱来的试验精神，先试验再从中进行学习。

满足于最低标准

> 不是因为我更聪明，而是因为我在研究问题的时候坚
> 持得更久。

阿尔伯特·爱因斯坦

在前文中，我们分析了三种最常见的致命性思维缺陷，并且借用了多个思维挑战来加以说明。这些思维挑战难度不小，但接下来我们将会加大难度。我们将会看看满足于最低标准和降低目标这两个思维缺陷。对这两种思维挑战而言，绝妙的解决方案同样难以实现，因为挑战本身就更加让人头痛。

例如，让我们来看看一个错误的罗马数字算式，类似于我在思维病 2 中介绍的那个算式。这个问题的难度要更大。在这个算式中，你不能移动或改变加号或等号。假设这些数字都是由可以移动的棍子组成的。保持加号和等号不动，最少移动几根棍子，可以纠正这个错误的算式？

$$XI + I = X$$

如果你的答案是"1"，那么恭喜你落入了"满足于最低标准"的缺陷中。我相信你马上就看到了一种解决方案，都不用 1 秒钟。几乎所有人都是如此。你或许立马就看到 X + I = XI 或 IX + I = X 就是不

错的解决方案，对吧？它们的确也是不错的解决方案，但也只是不错而已，因为对那个问题而言，还有一个更好的答案。问题问的是"最少移动几根棍子"。答案为"零"肯定是最佳答案，绝对要比"1"强。这点我相信大家也会认同。所以，通过利用逆向思考的对策，你现在可以将问题变为："如何能够在不移动任何棍子的情况下纠正这个算式？"

共有三种方法。你可以直接将这个算式倒着看。最简单的办法就是将本书倒过来看。或者你可以创造性地从右往左看，那么算式就变成了 X（10）= I（1）+ IX（9）。或者你也可以采用倒影的方式，用镜子来反射。这是三种不同的方式，但都是绝妙的解决方案，无须像最开始那种显而易见的答案一样去移动任何棍子。尽管那种答案也不错，但它充分体现了第四种致命性缺陷，即满足于最低标准。

症状：欺骗自己方案已经"足够好了"

从"满足于最低标准"这句话可以看出，它由两部分组成，一是"满足"，二是"最低标准"。这个词语最初是由已故诺贝尔奖得主、经济学家赫伯特·西蒙在其 1956 年的著作《人的模型》中提出的。他使用该词来形容我们在进行决策时天生倾向于满足"够好就行了"。一般来说，我们会选择第一个回报还算合意的方案，选择那个看上去能够以最快的速度让我们"感觉差不多"的方案，然后就不再去寻找解决问题的其他方案，包括最佳方案。我们的理由就是最佳方案太难，不值得付出那么多努力，或者就是没有必要。西蒙认为这是一种"有限理性"。

在西蒙提出"满足于最低标准"这个词语 40 年之后，麻省理工学院讲师彼得·圣吉（Peter Senge）在其著作《第五项修炼》（The Fifth Discipline）中提出："企业和个人的努力都是系统性的……我们倾向于聚焦该系统孤立的各个部分，奇怪为什么自己最深入的问题从未得到过解决。"圣吉说得没错。还记得我们那条准则的第二句吗？表面看似答案的事情不是答案。

现在，同生活中的许多事物一样，在时间和地点上要"满足于最低标准"，关键在于时机的选择和两方的权衡。在特定的背景之下，"满足于最低标准"会是最高效的方法，能够大幅降低压力。在大多数日常选择中，能够"满足于最低标准"是一种明智的做法。也就是当"足够好就行了"时，那就这样吧。当你要解决一个难题，而次优解决方案可能会让你面临风险时，情况就有所不同了。

至于次优解决方案可能让你"面临风险"，常见的情景之一就是作为大型团队（小组、组织，甚至是家庭）中的一分子时，个人"满足于最低标准"可能会严重损坏其他团队成员的利益。在与组织进行合作时，我通常一开始就会让合作的团队玩一个游戏。这个游戏的名字为"钱多多"。游戏要解决的问题非常简单：大家要做出决定，作为团队，你们应该选择 X 还是 Y。

让我们来看看游戏规则和得分情况。

钱多多

背景

所有人都隶属于天天组织（The Everyday Organization）。现在大家被分为四支队伍。每支队伍将占据房间的一个角落。

任务

在一天内，大家要针对各种重要的主题进行决策。这些复杂的决策将影响到每一个人。我们将这些决策进行了大幅简化：

· 每支队伍将做出一个简单的决定：我们是选择 X 还是 Y ？

· 我们将玩 10 轮。在每一轮里，每支队伍内部可以相互进行商讨，然后共同做出决定。

· 每一轮可以有 60 秒钟的时间来做出决定。

· 在做出决定后，将最终决定（X 或 Y）写在告示贴上交给主持人。

收益规则

有时候你会赢，有时候会输。在每一轮里，在大家做好决定并记录好后，每支队伍将按照以下规则得到收益。你能赢得多少呢？

4 个 X	每支队伍损失 1 万美元
3 个 X，1 个 Y	选择 X 的每支队伍赢得 1 万美元
2 个 X，2 个 Y	选择 X 的每支队伍赢得 2 万美元
1 个 X，3 个 Y	选择 X 的队伍赢得 3 万美元
4 个 Y	每支队伍赢得 1 万美元

这个游戏我玩了近 25 年。在这段时间里，有数百支团队参与到游戏中来。每次游戏的结果几乎都是一样的。在头五轮里，每支队伍都想去猜其他队伍的选择，所以尽管每一轮 X 和 Y 的数量不一样，但没有哪支队伍会选择最佳方案，即每支队伍都选择 Y。在四支队伍中，几乎没有队伍会在头五轮里面选择 Y。这些队伍并没有将自己视为是天天这个大团队中的一部分，所以他们并没有想着去让这个大团队赚得更多收益。这些队伍彼此之间不会去进行沟通，尽管我在游戏规则中并没有明确禁止跨队伍的沟通。

在第五轮之后，我让每支队伍选择一位代表，然后每支队伍的代表相互之间可以有一分钟的时间进行商讨。我希望他们能够通过这种方式明白哪种决策可以让每支队伍都赢得钱。我也希望在这简短的商讨过程中，大家能够明白这个游戏背后简单的目的。这就是一个零和博弈，也就是说，除非所有队伍都选择 Y，否则就会有队伍输。那种情况实际上就是次优方案，而且很可能就象征着短视的问题。

接下来发生的事情令人震惊：我从来没有遇到过四支队伍同时选择 Y 的情况。事实上，80% 的时间里会出现直接阻挠四个 Y 出现的情况，让我得到三个 Y 和一个 X。80% 的时间呀！此后，在接下来的两轮里，因为大家彼此不再信任，每支队伍开始变回他们最初的做法，但大家开始意识到，他们可以有更高的期望。在第 8 轮的时候，我请每支队伍选择一位新的代表来和其他队伍进行商讨。谢天谢地，在第 9 轮和第 10 轮会看到所有队伍都选择 Y，只有一两次极少的例外。

不过我不得不敲敲他们的脑袋。"满足于最低标准"的缺陷太过明显！

诊断：本能躲避思维上的大挑战

当人们在解决各种思维挑战的过程中表现出"满足于最低标准"的行为时，我进行了认真的观察，发现他们忽视了最重要的限制条件，而这些限制条件本可以为大家开启不一样的新视角去看待事物。我看到他们在思考"有哪些可能的方法"之前，就错误地提出了"我们应该怎么做"这个问题。他们希望得到一个解决方案，却没有耐心去追求最佳方案。相对于孵化，他们更喜欢实施。他们更喜欢投入部分资源来解决问题，然后继续前行，或者是对此前的解决方案加以调整，让它适应当前的情况。他们没有更全面地去分析当前的挑战，去搜寻、审视和查看更全面的画面。最终结果就是彻底绕开了绝妙的解决方案。

为什么会出现满足于最低标准的现象呢？其原因并不是很明了，在这方面大家也没有形成共识。原因应该相当复杂。赫伯特·西蒙的发现只是研究起点，因为他的观点违背了当时经典的经济学观念。后者认为人们会追求效用最大化，即在进行每个决定时会力争最好的结果。问题在于基本的经济学假设人们通常都是理性的，而且在进行选择时拥有全部信息。作为行为经济学家，西蒙揭示了效用最大化的局限性。

"经济人会追求效用最大化，从所有可选的方案中选择最佳方案，"他写道，"而他的'堂兄弟'管理人会满足于最低标准，追求让人满意或'足够好'的行为。"他认为原因在于获取所有必要信息来做出最佳决策的难度太大。当时还没有谷歌可用。不过他并没有就此打住，而是继续推断人类的思维存在认知局限，因此即便人们可以轻松地找到所有相关信息，他们仍然不能在大脑内对这些信息进行有效的处理，让它们为自己的追求提供信息。正如他所说的，"因为他眼中的世界是空的，完全忽视了所有事物之间的相互关联（会对思维和行动产生巨大的麻痹作用），管理人可以遵循相对简单的经验法则来做出决策，这样对他的思维能力不会有太大的挑战。"这段话听起来有点刺耳。

总的来说，当缺乏可靠的算式来帮助我们进行决策时，我们唯一的选择就是使用手中最高效的方式，也就是经验法则。说得好听一点，就是启发法。

启发法的影响

假设你作为选手去参加《一锤定音》（*Let's Make a Deal*）这个比较老的电视竞赛节目。主持人蒙提·霍尔（Monty Hall）宣布，如果获胜，你将赢得一辆新车。你面前有三扇紧闭的门，新车就在其中一扇门的后面。另外两扇门的后面各有一只山羊①。

你选择了一扇门，然后蒙提打开了剩下的两扇门中的一扇，让你看到门后是一只山羊。蒙提当然知道车子究竟在哪扇门后。这时，他

---

① 玛丽莲·沃斯·莎凡特（Marilynvos Savant）在《纽约时报》旗下的《大观》（*Parade*）杂志上开设了专栏。1991年，一位读者提出了这个问题。该问题现在被称为蒙提·霍尔问题，并且在维基百科上建立了条目。玛丽莲·沃斯·莎凡特正确地回答了问题，提出选手应该换门。她的回答得到了读者们近1万份回应，其中多数都持反对意见。读者中有些是数学家和科学家。他们在回应中哀叹美国国民整体在数学技巧上的匮乏，但后来却不得不撤回自己的话。10年前，我在《最佳方案》一书中首次提到了蒙提·霍尔问题。

给了你一个选择：坚持自己此前的选择，或者改为选择另一扇门。

你会坚持自己此前的选择，还是更换选择呢？

在研讨会上，当我搬出这个思维挑战时，多数人会坚持自己此前的选择。当我询问原因时，他们会马上回答说："还剩下两扇门，那么选对的概率是 50:50，干吗还要换？"当我问那些选择换门的人为什么要更换选择时，他们的回答也是一样的："剩下两扇门，选对的概率是 50:50，干吗不换？"

所以，这就是启发式行动。"50:50"也就是经验法则，意思是概率为 50%。但"坚持此前的选择"是一种满足于最低标准的行为。"换一个选择"则是效用最大化的行为，也会赢得比赛。在这个例子中，启发法会让你误入歧途。

一定要选择换门！

摆在前面的只有两种情况，一是坚持此前的选择，一是改为选择另一扇门。不论做出何种选择，都会出现三种可能性。让我们来看一看。假设你选择了 1 号门，接着蒙提打开了任何一扇背后没有小汽车的门。如果将"坚持此前的选择"和"改为选择另一扇门"这两种情况的三种可能结果都列出来，结论如下表所示：

1 号门	2 号门	3 号门	坚持选择 1 号门	改为选择另一扇门
汽车	山羊	山羊	赢	输
山羊	汽车	山羊	输	赢
山羊	山羊	汽车	输	赢

如果改为选择另一扇门，赢的概率是不换的两倍！

主持人蒙提·霍尔扮演的角色是其中的关键所在。切记，蒙提总是会先打开一扇门让你看到门后的山羊，然后再来问你是坚持还是改变最初的选择。启发法告诉你只有两扇门，不管选择哪扇门，正确率都是 50:50，那么就坚持此前的选择吧。但是在这个时候，像效用最大化者那样稍微多想想，才能如愿赢得比赛。

但是，现在我们生活在一个有谷歌的世界里，拥有丰富的信息，信息量之庞大让我们无暇关注全部，导致我们陷入了"想得过多"的模式。选择太多，不仅仅拖延了我们的进度，同时也让我们变得不开心。斯沃斯莫尔学院（Swarthmore College）的教授、心理学家巴里·施瓦茨（Barry Schwartz）著有《选择的悖论》（*The Paradox of Choice: Why Less Is More*）一书。他曾经做过一项著名的研究，观察人们面对 26 种果酱进行选择时的反应。此后，他进行了追踪调查，在八个月的时间里观察了多所大学 500 余位寻找工作的大四学生的情况，直到他们毕业。结果同样显示，效用最大化者找到了更好的工作，平均起薪要比那些满足于最低标准者高 20%，但他们对自身工作的感受相对要差一些。最近的一项研究进一步验证了这个发现。研究发现，相对而言，在做出不可反悔的决定后，满足于最低标准者一般满意度更高。此外，在可以选择未来的决定是可反悔还是不可反悔时，他们更倾向于选择不可反悔，大概是为了将来无须操心或反省。正如大家所想象的那样，效能最大化者在做出可反悔的决定时满意度更高，而且如果可以选择的话，他们更愿意未来的决定是可以反悔的。这大概是因为他们想避免我们现在所说的 FOMO，也就是害怕错过。

到此时，你或许已经发现，当面对难度较大的挑战而需要更深入思考的时候，思维跳跃和满足于最低标准有点类似。这两种缺陷都会在错误的时间激发错误的思维方式。换言之，在选择果酱甚至是挑选工作时，"满足于最低标准"是非常不错的策略。但当面对更高层次的决策，或者是寻求意义更深远的解决方案，而且当这些决定有可能带来严重的下游效应，阻碍我们去实现自己所追寻的成功时，我们就必须进行更多的思考，寻找最佳解决方案。要赢就要成为效用最大化者。

一世纪的哲学家爱比克泰德（Epictetus）给了我们线索，帮助我们（在那些应该追求效用最大化的情况下）解决"满足于最低标准"的问题。他说："面对各种事情时先考虑一下它的过去和将来，然后再去实施。否则你对结果还没有进行考虑时，就会兴高采烈地去实施。当部分结果出现时，你就会可耻地停止努力。"

也就是说，行动并没有错，但前提是你已经认真思考过自身的目标了。

良方：整合思维——综合不同方案的最优部分

赫伯特·西蒙在其 1969 年的著作《人工智能学》中提出了设计思维的概念，强调了设计者探索替代解决方案的重要性。他在书中写道："……现实世界中，解决问题的系统和设计流程不只是将各种部件组合成解决方案，而是必须寻找合适的组合方法。在进行此类探索工作时，可以将手中的鸡蛋分散到众多的篮子里。也就是说不要一心只走一条道路，直到它完全成功或彻底失败。要探索和尝试多条道路，在特定的时间里坚持尝试多条看上去最有前景的道路。如果某一条道路的前景看上去变得暗淡，也许可以用另一条道路来替换，尽管后者在此前可能优先程度相比较低。"

西蒙所说的正是在解决问题时如何克服满足于最低标准的问题。方法就是整合。关于"整合"，简单的说法就是"两者兼得"思维。其反面就是西蒙和巴里·施瓦茨研究的思维方式——"非此即彼"。"合成"是罗杰·马丁的整合思维方法的核心。它是罗杰·马丁 2009 年的著作《整合思维》（*The Opposable Mind*）的基础，也是多伦多大学罗特曼商学院的研究生商业项目的基础。这所先进的商学院着重培养成功的领导人，他们"不是去接受这个世界呈现在他们面前的、毫无吸引力的权衡取舍，而是认为自己有责任去打破这些权衡取舍，打造更好的新模式，解决需要权衡取舍的问题，为世界创造新价值"。

让我们看看皮尔斯·韩德林（Piers Handling）曾经面对的挑战。他在 1994 年出任多伦多国际电影节的主席。在韩德林领导该电影节之前，这个电影节的名气尚不及现在这么大，自然与著名的戛纳电影节相差甚远。在当时，这个电影节被称为"节日之王"（Festival of Festivals），面向公众开放，而且主要针对多伦多本地的电影产业和电影迷。但戛纳电影节只有得到邀请的人士才能参加，在全球电影界的地位更高，而且对电影制片人和名流们的吸引力更大。不过，电影制片人和名流们也同样对多伦多电影界的海纳百川感兴趣。韩德林注意到，如果改为戛纳电影节的模式，将会不得不做出一些妥协，必将疏远蓬勃发展的多伦多电影产业和观众们。他发现单靠将两种对立的模式融在一起，并不能轻松地解决包容性和排他性之间的这种紧张关系。

　　韩德林希望能整合一个解决方案，可以同时吸引感兴趣的各方。他分析了各参与方最看重的方面：名人们希望自己的电影能得到宣传；影迷们希望能同电影明星们亲密接触；新闻媒体需要报道内容；电影制片公司想争取票房大卖；活动营销方则希望能覆盖更多受众。多伦多电影节的优势就在于庞大的电影观众群。它的观众群很好地代表了整个北美市场。

　　他分析了戛纳电影节的成功要素，发现对于电影产业而言，真正的吸引力在于金棕榈奖这项知名大奖带来的火爆的媒体热议。不过他也明白，赢得该奖并不意味着最终就能在票房上取得成功。票房是否能取得成功，关键在于观众的偏好，而非电影产业的偏好。韩德林灵光一现。

　　他想到了观众票选奖。在当时，这只是一个小小的奖项，被淹没在多伦多电影节的日程安排之中。金棕榈奖是由精挑细选出来的评委团来决定的，而观众票选奖不同，它是由电影迷们——那些花钱看电影的人，那些能真正决定电影是否可以在商业上取得成功的人选出的。韩德林对观众票选奖做出了调整，将它提升为多伦多电影节的重点。这是一次杰出的整合，将戛纳电影节对电影产业的吸引力、媒体热度和多伦多的特色（其观众）漂亮地结合在了一起。

　　现在，多伦多国际电影节是全球最知名的电影节之一。美国《综艺》（*Variety*）杂志认为该电影节在"知名影片、明星和市场活动方面仅次于戛纳电影节"。

罗杰·马丁和詹妮弗·里尔（Jennifer Riel）认为，通过"效仿皮尔斯·韩德林这些整合思维领域的佼佼者"，我们可以懂得如何采用更复杂、更严密的思维方式，并且学会使用两大整合技巧。

整合的两种方式

双倍下注

这正是皮尔斯·韩德林在反思多伦多国际电影节时采用的方法。你有两种解决方案：一种解决方案好处多多，但存在一个巨大的缺点；另一种解决方案有一个巨大的好处，可是缺点多多。让我们看看二十一点玩家们在拿到一手好牌时会如何翻倍下注，或许可以从中学会如何合成出第三种方案。马丁和里尔说过："诀窍就是找到某种情况，可以让第一种方案拥有第二种方案的好处。"他们拿沃尔玛举例。如果沃尔玛不能改变自身在环境可持续性和碳排放这两个方面的立场，其全球声誉就会大幅受损。但要改变立场，成本高昂，这对于这家遵循低成本战略的零售商而言就是一个巨大的不利条件，尽管可以大幅提升公司的声誉。沃尔玛采用了加倍下注的方法，它们对自己的总战略进行了延伸，对供应商施压，借此来降低成本。它们施压给供应商，要求它们采用更环保的战略，并且拒绝从无法在水、废物和碳排放方面达到特定标准的供应商处进行采购。正如马丁和里尔在书中所写的："简而言之，沃尔玛对其日常运营模式进行了延伸，借此树立了自己环保领导者的声誉。在这种情形下，最基本的问题就是：哪种情况可以让 A 模式创造出 B 模式的那种收益？"

分解

你手中的两个解决方案同样诱人，你也希望能同时加以实施，但这两个方案相互冲突，如果同时采纳就必须进行较大的妥协。这时，你可以将大背景分解成多个部分，这样就可以在每个部分里分开应用各个解决方案。例如，在塔吉特发展的初期，其高管发现自己面临着两难局面。一方面，公司要同沃尔玛竞争，后者无疑是低成本零售领域的领导者。看到凯马特落败的情形，塔吉特明白自己不可能在以最低价供应的日常用品上赢得这场竞争。另一方面，公司的竞争对手还有高度差异化的、生意红火的百货商店，例如诺德斯特姆公司和梅西百货。它们都是实力雄厚的品牌，塔吉特几乎不可能从它们手中抢走市场，更不用说打败它们了。为了提高竞争力，塔吉特采取了分解战略。公司决定在食杂和日常用品（例如汰渍和宝洁帮庭纸巾）方面的定价与沃尔玛齐平。对服装和利润率更高的商品而言，塔吉特选择与知名设计师和希望扩大知名度的著名主妇们合作。不管是在沃尔玛还是在高端零售商处，顾客们都无法找到那些商品的直接替代品，而且塔吉特能够让人产生一种错觉，觉得店内一边是平价商品店，而另一部分是精品零售店。公司将问题分解，本质上来说是在一个店面里建了两家商店，成了平价商品店加精品零售店，让人们相信他们在同一家店里既可以买到低价日常用品，又能购买到时尚商品。这种方法取得了成功。塔吉特飞速发展，为自己创造了独特的竞技场，而且胜算在握。①

---

① 2015 年 12 月 1 日，在加利福尼亚州圣塔莫尼卡市召开的一次联合客户战略会议上，罗杰·马丁向我和一群高管们介绍了塔吉特的这段故事。

同"组合"方法一样，"分解"方法的目的就是避免满足于妥协方案和"非此即彼"的取舍，通过"两者兼得"的思维方式来创造更大的价值。正如马丁和里尔所写的那样："持有整合思维的人不是针对整体情况或者选择方案 A，或者选择方案 B。相反，他们会仔细分析问题的各种元素，以及每种方案何时以及如何用来解决哪个问题元素。接下来再选择性地采用每个方案。在这种情况下，最核心的问题就是：我是否可以用新方法来分析这个问题，从而可以针对问题的不同部分来分别采用这两种方案呢？"

现在，要成为更具整合思维的人，比较实际的难点之一就在于我们面对的更多的是难度相对不大的问题，对组合要求更高且更复杂的问题通常出现较少，所以我们没有太多机会练习和培养自己的组合技能。我有一个相当具有创意的弥补方法：参加看漫画配文字竞赛，比如，《纽约客》每周组织的最著名的看漫画配文字比赛，或者是《哈佛商业评论》每个月组织的比赛（该比赛自然是从商业角度出发的）。

练习整合技巧

你是否会去尝试解决一个胜率不足 10 000∶1 的问题？《纽约客》漫画编辑罗伯特·曼考夫（Robert Mankoff）在 2010 年写道："截至目前，提交参赛的作品有 1 449 697 份，而获胜者只有 254 人。所以，获胜概率大概为 10 000∶1。"

我并不在乎这个获胜概率，而且通过运用整合技巧，赢得了比赛①。不过在我妻子看来，我这样做一点也不好玩。

我的确是倾向于成为一位效用最大化者，更愿意竭尽所能去发挥自己的最佳思维能力。我曾经观察过很多创意研讨会。在这些研讨会上，参与者们的思路受阻了，于是满足于最低标准，选择显而易见的点子，最终会得出一个让人感觉乏味、没有新鲜感、人云亦云的解决方案。

"足够好"的想法不可能使你赢得《纽约客》的竞赛，因为这不同于其他问题，你没有机会向他人推销自己的解决方案有哪些好处。一切都靠解决方案本身。

《纽约客》的看漫画配文字比赛最出色的一点，在于它给了你两个相互对立或不一致的观点，然后让你去解决其中的问题。这就是最出色的整合挑战。

不要期待幽默和创意突然会灵光乍现，那只是美好的想法而已。我使用的是整合思维。在进行组合时，先分析没有文字的画面，上面是一对夫妻穿着防护服躺在床上，两个人面对面，显然正在进行某种交流。

接着我列出了和这个背景相关的词语：床、汽车旅馆、性等。请注意，如果到此打住，只可能得出满足于最低标准的配文，显然根本不可能获胜。接着，我开始列出与防护服这种极度反常的事物相关的词语：保护、防护服、危险、个人空间、过度杀伤、疾病等。

---

① 我的获胜配文作品刊发在 2008 年 3 月 24 日出版的《纽约客》杂志上。

此时，我才开始进行组合和融合，分析众多可能的配文。我最喜欢那段最简单的文字："下次，我们能不能像其他人一样只是打针流感疫苗就好了？"另两条入围决赛的配文盯着一件显而易见的事情，即性。换言之，他们只满足于最低标准。他们的配文和漫画放在一起也足够好，可是还不足以赢得比赛。

我不是在吹嘘。我只是想指出整合思维方法和组合方法的强大力量，以及它们可以怎样帮助你赢得大脑游戏。

考虑一下，参加《纽约客》每周的比赛，将其作为定期锻炼整合思维方法的途径。正如罗伯特·曼考夫所说的，勤练才能赢。

就让我用罗杰·马丁的至理名言来结束这一章吧。

多数时间里，我们大部分人都会竭尽所能来简化问题解决流程。我们会将变数的数量缩减到自认为的最低水平，我们会思考最简单和最直接的因果关系；我们会将问题分解为可以管理的小块，然后接受在思考过程中出现的种种取舍，认为那是"不可避免的"。或者我们会去想象各种取舍……选择最短的路线来化解两种模式之间的紧张关系。我们在做所有这些的时候，完全都是不自觉的，未能在每一个阶段进行深入的思考，因此也就迈上了逻辑的歧途。我们完全意识不到这一点，只有在结果并未达到自己所希望的那样时才会发现问题的存在。

　　整合思维者让我们看到了可以怎样做。他们会从更多的角度去分析问题，了解从问题的哪些方面可以显而易见地得出解决方案。他们会去分析问题的这些方面彼此之间存在哪些更复杂的因果关系。在分析每个方面的时候，他们的头脑中仍然可以始终把握全局，并且最终得出具有创造性的解决方案。重要的一点在于，他们做所有这些事情时都是非常明确的，力争懂得"自身为什么会出现那些惯性思维"。

知识点

满足于最低标准

　　我们满足于最低标准出于多种原因，其中多数在于我们偏向于行动，而且强调短期的便利和效率。面对复杂问题时，我们可以采用更加注重效用最大化的方法，对各种可选方案进行分析，然后再整合各可选方案的优点，整合成一个解决方案，由此可以创造出更长期的效果，取得更持续的成功。

降低目标

> 我们不应该追求容易实现的目标。我们必须培养一种
> 本能，去追寻那些必须竭尽所能才能实现的目标。

阿尔伯特·爱因斯坦

1983 年 4 月 27 日上午 10:30 分，澳大利亚悉尼市帕拉马塔西田购物中心。10 名专业的超长距离马拉松赛选手排成一排，准备参加有史以来第一次 875 千米的西田超长距离马拉松赛，从悉尼市跑到墨尔本市。这时，第 11 位选手来到了起跑线，看上去显得有点格格不入。他看上去要比其他人年长，年纪可能是某些参赛选手的两倍了。他穿着破旧，完全比不上其他人漂亮的耐克和阿迪达斯跑步装配。下肢静脉曲张让他感到有点尴尬，为此他放弃了跑步用的短裤，而是穿着田径长裤来遮挡腿部。这条长裤上有一连串剪刀剪的小孔，为的是在澳大利亚炽热的阳光之下不至于太热。其他参赛选手都有好几双跑鞋，而他只准备了一双磨损的跑鞋，看上去不足以支撑那 875 千米。不同于其他参赛选手，他没有赞助商，也没有大型的补给团队或移动房屋，让他在长达一周的跑步过程中能够有地方睡觉。他看上去就像是某个四处游荡、行动迟缓的老人。

然而，他确实是来参加比赛的。他叫克里夫·杨（Cliff Young），

是一位 61 岁的土豆种植者，来自"山毛榉林那边"。在关于这次赛事的新闻报道中，他因为相当特殊的跑步背景而闻名。他没有马，所以要在家族农场里穿着防水鞋裤到处追着牲畜跑。他跑步的姿势非常笨拙，像是在慢慢地拖着脚走，而不是跑步运动员那样流畅的大迈步。正如传记作家茹列塔·詹姆士（Julietta Jameson）所说的："对于头一次看到这种情形的人来说，克里夫拖着腿走路的样子可能让人觉得他走不了多远，更不用说要从悉尼跑到墨尔本了。就算是真的能从悉尼跑到墨尔本，这种走路的样子也不可能让他战胜其他选手。那些人经过专业训练，懂得运动科学，而且姿态优美。"

相对于赛场里的其他人，他实际上是一名业余选手。其他人都是经过严格训练的知名运动员，有丰富的马拉松赛跑经验和获胜记录，也掌握了参加比赛的专业知识。他将自己的假牙取了出来，因为在跑步时假牙吱吱作响，声音太大了。从各个方面来看，他的参加更多只能算是一种新奇事物，并不会给其他选手带来真正的威胁。发令枪响了后，正如大家预期的那样，这是一场真正的龟兔赛跑，他被其他人远远地甩在了后面。

传统观点认为，在超长距离马拉松赛中，选手每天应该跑 18 个小时，休息 6 个小时。克里夫·杨不懂这些，也没有人告诉他这些。他不知道要怎样才能赢得在多日跑完 875 千米的比赛。事实上，他甚至都不是特别清楚路线，在第一天就拐错了弯。因为他不知道每天跑 18 个小时是"极限"，所以当其他选手晚上停下来休息时，克里夫·杨还在坚持往前跑。甚至当冰冷的雨滴滴下来时，他还在继续跑。他跑到午夜时分才终于停下来休息。这时他已经跑了 100 多公里，期间没有吃过任何东西。

第二天再次起跑时，他不知道自己的闹钟早了两个小时。他只是起来继续往前跑。他继续缓慢地拖着腿不断地往前跑。第二天跑了一天后，他只睡了一个小时又继续往前跑。他继续着这种生活，完全不懂那些聪明的超长距离马拉松赛选手们所了解的知识。那些选手们都知道每天应该休息六个小时，因为身体是有极限的。亨利·福特曾经说过："我观察发现，多数人是趁其他人浪费时间的时候跑到了前面。"他会为自己说的这句话感到自豪的。

不管克里夫·杨在才能和经验上有何欠缺，他的意志力在很大程度上弥补了这些。古话说，有志者事竟成。这句话或许是真的，因为克里夫·杨在第五天赢得了比赛，比第二名快了整整 10 个小时。这很好地证明了心胜于物。当然，第二名选手像所有超长距离马拉松赛专业选手一样，懂得在 5 天 14 个小时 35 分钟之内是跑不了 875 千米的，那相当于每天要跑近四个马拉松，而且每天晚上的休息时间不足六个小时 [1]。

如果大脑告诉你去降低目标，那你肯定做不到克里夫·杨那样。

症状：大幅偏离挑战性目标

亨利·福特曾经说过："不管你认为自己行还是不行，结果都会如你所想。"他用一句话就概括了"降低目标"的精髓。克里夫·杨

---

[1] 我从已故的路·泰斯（Lou Tice）那里听到过数次关于克里夫·杨的故事。路·泰斯是美国太平洋研究院（Pacific Institute）的创办人。20 世纪 90 年代末期，我开始在丰田大学任职，当时他常常访问该大学。

并不知道，整个世界都认为，如果按照他跑步的姿势来跑西田超长距离马拉松赛，是不可能成功的。但他不知道，所以思维上也就没有了这种限制。事实上，可能正是这种天真让他按照自己的方式赢得了比赛，因为他不知道那是"不可能的事情"，所以他可以去尝试。因为在思维上设了限，才会存在"降低目标"。

"降低目标"类似于"满足于最低标准"，但前者更多的是经过预先考虑后决定降低既有目标。如果不加以制止，"降低目标"通常会导致完全退出挑战，彻底地放弃目标。你试图解决的那个问题就依然无法得到解决。

"降低目标"有多种表现方式。例如，在"越狱"（绳子手铐）那个挑战中，参与者在几秒钟后就开始分析手铐必须始终套在大家手上这条要求。他们像真正的修正主义者一样，认为"大家"是指"我们"，然后将手铐转移到另一方的手上，就开始得意扬扬地大呼成功。

在洗发水和录像带的挑战中，我们的目标是彻底消除盗窃现象或让所有顾客都倒带。这个目标的确有难度，但完全可以实现。可是挑战设置的各种要求要么被大家彻底忽视了，要么被立即修改了，所以得出的结果显然没法实现那些目标。此后，大家就会挑选和推销差强人意的解决方案，或者是可靠的帕雷托法则（二八定律）解决方案。"你无法完全阻止人们偷窃洗发水，但我们的解决方案可以阻止 80% 的偷窃现象。"他们会继续强词夺理，针对其他限制条件找理由，说明那些条件无关痛痒。

通过降低目标，我们可以在一定程度上欺骗自己相信我们真的取得了成功……尽管我们预先就已经选择了投降。这正是其中自相矛盾的地方。在众多项目小组中，我常常看到这个问题的出现，我称这种现象为"目标游戏"。传奇人物杰克·韦尔奇在担任通用电气公司首席执行官期间就曾遇到过这个问题。韦尔奇最广为人知的就是他的赢家思维。他要求通用电气各业务线在市场上所占份额必须保持第一或第二的位置，最好是第一。但他的副官们却开始玩目标游戏，对各自市场的定义加以修改，将市场缩小到一定程度，从而可以宣称他们是市场中的老大或老二。不过韦尔奇看透了这一切，并且重新设置了限制性条件，要求在定义市场时，任何业务的市场份额不得超过10%。他相信，如果人们对市场的定义远远大于他们在其中所占的市场份额，那么他们就会更加具有冲劲，会更努力地去寻找机会，赢得市场老大的位置。

心理学家埃里克·科林格（Eric Klinger）在近40年前就曾介绍过"降低目标"的过程，称它是一种激励消退循环。当我们认为问题无法解决或者是目标无法实现时，就会经历四个阶段。首先，我们会更加努力。不用吃惊，的确是这样的。其次，如果努力并没有带来预想的结果，我们就会生气。同样也不要感到惊讶……当两次网球发球均失误时我就会这样。再次，我们会开始放弃，在思想上让自己远离目标，我们的情绪会变得低落。最后，我们就会彻底放弃努力，开始打算追求新的目标。我相信人们每年都会经历这四个阶段，比如大家在新年开始时会下定做什么事的决心，然后到一月份结束的时候又下一次决心。不过到本章结束的时候，你会发现，目前人们正在研究如何利用这个循环来打败"降低目标"这个思维病。

瑞士苏黎世大学和伯尔尼大学的研究人员最近对马拉松赛选手进行了研究，也就是和克里夫·杨同场竞技的那类人。他们提出了"行动危机"（action crisis）的概念。他们写道："行动危机就是当个体早已为实现目标投入了大量精力，但一再遭遇挫败或背负了巨大的损失，未能如愿实现目标，从而开始纠结是继续追求目标还是放弃目标，是停下脚步还是继续前进。"研究人员跟踪分析了一群马拉松赛选手，其中部分选手就遭遇了这种行动危机。研究发现，这些选手存在一种"思维转变"，即选手们下意识地降低了完成马拉松赛这个目标。为什么呢？

诊断：思维设限，自我低估

"降低目标"这种行为是自然而然出现的。我们是否常常会无意识地低估自己的能力呢？让我们来尝试一个简单的练习。

1. 站起来，双脚分开与肩同宽。双臂向两侧张开，用力伸直，摆出维特鲁威人（Vitruvian Man）的姿势。

2. 最大程度向右扭动身体。

3. 低头看一下自己右手的位置，在脑中记住自己最大程度可以扭到哪个位置，即手指尖在墙上的位置。通过一些参照物来记住这个位置。

4. 将身子转回，面朝前。阅读下一步。

5. 闭上眼睛，重复上面几步。当你认为自己已经到达此前停止的位置时就停止扭动身体。接下来……用力稍微再往右扭动一下身体。完成该动作后睁开双眼。

第二次停下来的位置超过了第一次的位置吗？我在研讨会上组织大家做这个练习时，几乎所有人的最终结果都是如此。这个练习是为了让大家明白，我们常常会自己给自己设置一些限制，不是推动了自身前进，而是会阻碍自己的发展。事实上，我们可能并不知道自己真正的极限是什么，除非我们去对自身能力加以试验。

我最近喜欢计时，看越狱挑战的参与者们在多久后就会大喊"这真的可能吗"。在大概 500 人的样本中，平均时间为 43 秒。我向他们保证这是可能做到的，而且我不是个坏主持人。我开心地提醒他们要想到准则的第三条，即表面看似不可能的事情也不是不可能的。

"这真的可能吗？"这个问题根本就不算不可理喻。事实上，我觉得它是一种理性的标志，或者说至少说明了参与者头脑清醒。不过有趣的是，在得到那个问题的答案后，人们又开始重复此前的动作，却希望得到不一样的结果。这就是阿尔伯特·爱因斯坦对"荒唐"（insanity）的定义。

1983 年，丰田公司领导人宣布计划生产一款高性能的豪华小轿车，在各个方面都能打败最出色的奔驰和宝马。当时 4000 名工程师异口同声地大喊："不可能！"尽管一切从零开始，但仅仅六年之后，第一款雷克萨斯就实现了那个目标[1]。

美国西南航空公司的高层制定了 10 分钟之内完成舱门开启、客人下机、新客人登机到舱门关闭的工作目标。当时，公司员工、竞争

---

[1]　一家竞争对手的工程师们拆解了最初生产的两台雷克萨斯 LS400 汽车，并且得出结论，这种汽车生产不出来，至少是他们自己生产不出来。

对手、飞机制造商，甚至是联邦航空管理局的官员们都异口同声地表示"不可能"。但最终，借助一级方程式比赛后勤维修人员的工作方式，美国西南航空公司实现了自己的目标。

丰田零部件销售业务部的总经理制定了一个三年目标。在三年的时间里要同时做到成本降低一亿美元、库存减少一亿美元，并且将顾客满意度提高50%。她的80名下级集体高呼"不可能"，但这位经理坚持立场，并且制定了10个相应的辅助性目标。最终的结果与目标相比有所差距，库存减少了9000万美元，满意度只提高了35%。尽管如此，这位经理明白，如果最初降低目标，那么连这个结果都无法实现。

美国国家航空航天局给了喷气推进实验室三年的时间和1.5亿美元，要求他们向火星发射一台探测车。当时喷气推进实验室的整个火星探路者项目团队齐呼"不可能"，但最终他们做到了。

这些都是一些成功的案例。重点在于，不管是在哪个案例中，要实现目标，都必须去充分发挥、获取或培养一定的能力。各组织领导人设定的宏伟目标都相当大胆无畏，也非常艰巨，但都是基于一定的信息和数据的，是睿智的决定，所以也就带来了截然不同的思维方式。

这些案例也说明了"降低目标"产生的另一个原因，即缺乏合适的挑战。正如我们在本书前面的章节中所说的，定义挑战是一门艺术。不过，我们并没有探讨解决挑战的能力，即找到解决方法的能力。你可以拥有这个世界上最漂亮的画框，但如果不打算绘制巨作，而且你的绘画能力和我一样不怎么样，那么就只会收获失望。换言之，目标必须是可实现的，问题必须是可以解决的。否则就会出现目标和现实的脱节。每个人都可以为自己制定宏伟的目标，前提是你要拥有实现目标的能力，或者可以去获取和培养这种能力[①]。

目标导向型行为的神经学分析

动机和手段

加州大学洛杉矶分校一项关于目标层级的研究指出："行动由动作和思维构成。"行动包括了怎么做（身体的执行动作，以及身体与周边现实世界之间的机械作用）和为什么（动机、信念和行为者的意图；相对而言比较虚无缥缈）。

研究对象佩戴视频眼镜观看人们进行日常活动的视频，例如上网、举重或刷牙。此时，研究人员使用功能性磁共振成像扫描仪来扫描和记录他们大脑的活动情况。参与者被问到人们一般是如何进行各种行为的，以及为什么要如此。对于"如何"这个问题，参与者被告知要分析进行该行为所必需的一个动作。对于"为什么"的问题，他们要思考进行该行为的一个可信的理由。

研究结果显示，"如何"和"为什么"的问题会启动大脑内完全不同的分区。思考"如何"时左脑会进行工作，而右脑则会进行"为

---

① 我常常被人问到雷克萨斯的口号，即追求完美。最主要是因为我认为完美是不可能实现的。我被问到，如果完美是不可能实现的，那为什么还要去追求完美？我的回答是，完美事实上不是目标，而是像地平线这样的一种方向。完美是追求的方向，是一个过程，能够推动突破。把完美作为目标可能就会阻碍发展，抑制创造力。

什么"的思考。研究结果也显示，左右大脑回路之间存在逆关系，也就是说一边启动时，另一边就会关闭。

该研究具有重要的意义。高质量的目标必须同时涉及"怎么"和"为什么"，从而让整个大脑都参与思考，而且必须在两者之间建立一定的联系。但如果想要左右脑同时开展工作，就有可能带来反作用（参见"思维固化"章节）。

"降低目标"的另一个原因可能在于缺乏追求长期目标的毅力和热情，或者套用宾夕法尼亚大学心理学研究专家安吉拉·达克沃什（Angela Duckworth）的话来说，就是缺乏坚毅力。

达克沃什 2004 年针对西点军校的学员进行过该领域的研究。当时这些学员正在进行名为"野兽营"（Beast Barracks）的夏季入校训练，这也是他们接受的第一场残酷的训练。研究人员表示："野兽营旨在测试学员们在身体、情绪和精神上的最大极限。"每年会有大概 1200 名新生参加野兽营，其中约 60 个人会在野兽营训练期间辍学。"在野兽营期间，学员们从清晨到午夜都会不断地面临各种考验。面对这种情况，他们比较合理的反应就是将从西点学校毕业的目标改成一个更容易管理的目标，例如从文科大学毕业。"

换言之，"降低目标"是一种非常实际的选择。

达克沃什采用其特有的坚毅量表（Grit Scale）来进行测评，这个量表由 12 个问题组成。达克沃什此前预计，相对于智力或西点军校招生委员会使用的学院素质衡量标准，坚毅力更能决定野兽营中的学员是否能坚持下去。研究结果也证实了她的假设："相对于其他任何指标，坚毅力更能决定人们是否能在严酷的夏季训练项目中坚持到底。"量表中坚毅程度越高，就越可能成功地完成野兽营的训练。

坚毅力的概念实际上很好地概括了该研究开篇引用的那句话的内涵。那句话引自心理学先驱威廉·詹姆斯（William James）1907年的著作《实用主义——一些旧思想方法的新名称》（*Pragmatism: A New Name for Some Old Ways of Thinking*）一书：

> 相对于我们应该做到的事情，我们只能算是处在半梦半醒的状态。我们的火焰被浇灭，我们的风被阻断。我们只使用了自身思维资源的一小部分……全世界的人都拥有大量的资源，但只有一些杰出的个体才会竭尽所能来使用这些资源。

看来"降低目标"根本不是什么新事物。

良方：借电启动——突破思维困境

之所以使用"借电启动"这个词语，意指利用其他思维能力来重新激活创造力神经元，它们可能会阻碍我们去追求表面看来不可能、但实际并非如此的事情。

本书并不打算去讨论商界人士所称的"挑战性目标"的来龙去脉和利弊。那个词语可能是杰克·韦尔奇提出来的。流行文学和学术文章都对挑战性目标[①]进行过大量的探讨。当挑战性目标带来突破性思维的时候，对那些经历进行回顾是一件有趣的事情，就像我此前那样。我的经验就是，在制定挑战时，要借助我们在第 1 章中讨论的"为什么？如果？怎样"问题法，先让自己知道如果问题彻底被解决，这个世界将会变成怎样让人开心的样子。接着再往回看（你要怎样来解决问题呢），确保这个故事变成现实。

本章在开始时引用过阿尔伯特·爱因斯坦的一句话。这种情况正是那句话中所说的："培养一种本能，去追寻那些必须竭尽所能才可以实现的目标。"这将能帮助你去思考自己获胜的希望……而本书的目的就是要取得胜利。不管你对胜利是如何定义的，如果你最初都没有打算去获取胜利，那么几乎可以肯定你不会去思考如何来获取胜利。如果你不去思考如何获取胜利，也就不会去往那个方向采取行动。我知道，这点基本上没错。

换而言之，只要你正在追逐看似不可能的挑战，我就更有兴趣去了解你在追逐过程中的思维发展变化，在你发现自身的思维力量逐渐消减而面临降低目标的危险时，帮助你坚持自己的雄心壮志。

谷歌词典对"借电启动"的定义是"在汽车电瓶电量耗尽后，将其与另一个动力源相连来启动熄火的汽车"和"为进展缓慢或处于停

[①] 对"挑战性目标"的探讨主要偏向于利与弊，而且几乎都会涉及因果分析。我发现，在各机构对挑战性目标的研究中，最不偏不倚的当属杜克大学教授西姆·希特金（Sim Sitkin）牵头的研究《"延伸目标"的悖论：追求看似不可能实现的目标的组织》（*The Paradox of Stretch Goals: Organizations in Pursuit of the Seemingly Impossible*）。该研究推断，有些组织可能从挑战性目标中受益最大，但它们最不可能去使用这些目标，而最不可能从中受益的组织却是最可能使用这些目标的。

顿状态的事物增加动力"。我认为"借电启动"就是三档电池充电器，使用三种对团队和个人（包括我本人）而言都有效的方法，避免降低目标和最终彻底放弃。

"如果……就可以做到"层进法

在丰田大学任职期间，我曾经参与雷克萨斯品牌的再造工作。雷克萨斯找来了知名的品牌战略家、《美丽的限制》（*A Beautiful Constraint*）一书的作者之一亚当·摩根（Adam Morgan）来提供指导。摩根的方法之一就是"如果……就可以做到"，类似于"如果"。这也已经成为我最喜欢的方法。如果面对挑战（即使是自己个人的问题）时的第一反应就是"不可能"，那么你可能已经设定了一个与自身能力相当的目标。但像"不可能"这种情绪反应会快速变为理性上的反应，让你开始思考"我做不到，因为……"。这是一个非常容易滑下去的斜坡，因为你在不经意间就已经彻底说服自己放弃了获胜的希望。

这时候就应该找"如果……就可以做到"来帮忙了。这个概念非常简单，就是迫使自己不要去想"做不到，因为……"，而是改为思考"如果……就可以做到"。例如，假设你是火星探路者项目小组中的一员，那么你不应该想"我们做不到只花 1.5 亿美元就将一台探测车发射到火星上，因为登陆模块的成本太高"，而是要改为思考"如果我们找到某种方法不需要登陆模块，就可以让探测车登陆火星"。接下来，你依然使用"如果……就可以做到"的方法来继续进行思考。如果只要一个"如果……就可以做到"就能让你成功地找到答案，那么就继续分析边框定义方法中的"如果"和"怎样"，这样你或许可以同探路者项目小组一样，得到他们那个绝妙的解决方案，即让探测车在火星着陆时使用气囊，也就是类似于汽车安全气囊的东西。

"如果没有积极的思维方式，"摩根说，"面对难题无法找到现成答案的情况就会扼杀前进的动力，阻碍探索的脚步。"

将"做不到，因为……"变为"如果……就可以做到"，这就是一种积极的思维方式，也是"借电启动"的有效方法。只要自己找到了方向，就要不断地借助这种方法前进。

"为什么—怎么"阶梯法

从神经学的角度来说，在迎战某个挑战时，必须将"为什么"和"怎么"这两个问题结合起来进行思考。"为什么"说的是目的，"怎么"则是针对过程。我们也知道，我们不可能同时思考两个问题，所以就必须有某种实在的方法，在我们开始停滞不前，想要降低目标时，能够让大脑启动思考其中一个问题。表面看似不可能解决的挑战之所以看起来无法解决，是因为没有明晰的方法摆在面前。所以，要解决此类挑战，关键点就在于用创造性思维去寻找解决方案。因此，我们可以相当确信，在某个时候，我们正在苦苦寻找"怎么"。

这个时候就要借助"为什么—怎么"阶梯法了。如果"怎么"不能让我们如愿取得进展，那么我们就可以向上爬一级梯子，去问问自己为什么。如果"为什么"不是那么明了，那么我们就可以向下爬一级梯子，思考"怎么"，直到我们找到某种方法让我们能够快速制胜，让我们重新向着"为什么"进发。

关于使用这类阶梯方法进行借电启动，我最喜欢的故事之一来自马库斯·贝金汉姆（Marcus Buckingham）。这个故事讲述的是英国问题重重的监狱系统是如何被扭转的。1993 年，大卫·莱姆斯博瑟姆爵士（Sir David Ramsbotham）从受人崇敬的英国陆军参谋长的职务上退休，被任命为英格兰和威尔士监狱巡视员。他要接手管理的这个体系当时正混乱不堪。大卫爵士只有视察的权限，所以不能直接走到监狱里要求监狱长改变工作方法。相反，他只能在自己的权限范围之内施加影响，改变状况。他的权限就是视察。他决定将重点放在英国监狱系统的目的和衡量指标上。正如大家所想，当时监狱系统的目的就是防止越狱，而衡量指标就是越狱人数。但在对问题进行一番思考之后，大卫爵士认为监狱系统的目的不是防止囚犯跑出去，而是应该确保他们在获释后不会二进宫。找到了新的目的，那么也就有了新的衡量指标，即累犯的数量。这个新"为什么"彻底改变了监狱系统。大卫爵士让每家监狱的管理队伍改变了自身的工作重点，将精力放在新的"怎么"上，即针对监狱内的囚犯制定有效的流程和项目来改造他们，并且找到更好的办法帮助他们在出狱后重新融入社会。

全新开始

宾夕法尼亚大学教授凯瑟琳·米尔克曼（Katherine Milkman）在最近的一份研究中使用"全新开始效应"（Fresh Start Effect）作为论文的题目。这个词是指新年到来时，我们会感觉自己有了新起点，满腔热情地为未来 12 个月制定雄心勃勃的目标。这份研究显示，人们喜欢在某些事情发生时立即为自己制定新的目标，比如生日以及每周、每月、每季度或每年开始的时候。由此可以看出，这些临时性的里程碑或时间点更容易让人们去追求新的目标。

例如，研究人员请数百名研究参与者介绍了他们希望实现的一个目标。在参与者描述该目标之后，研究人员会在此后的几个月里礼貌地提醒他们，鼓励他们去追求自己的目标。半数参与者的提醒日期被设为"3月20日，3月份的第三个周四"。另外一半参与者的提醒日期则为"3月20日，春季的第一天"。更多的人选择了后面的那个日期，因为那标志着新一季的开始。

米尔克曼认为两个思维过程可以解释该效应。一是，这些里程碑创造了新的"心理会计期"，在心理上隔离了当前的自我和过去的缺点，促使我们像新的自我一样去工作和生活。二是，临时性里程碑打断了我们对日常琐事的注意，让我们可以从全局去看待自己所处的状态，更多地去关注我们正在追求的、更宏观的挑战。

你不用等到新年，等到下一个生日，或者甚至是等到周一早晨。在过去几年里，我一直在使用全新开始效应这个方法（只是不叫这个名字）。我此前向作家、能源项目咨询公司首席执行官托尼·施瓦兹（Tony Schwartz）学到了节奏的力量，即以90分钟为一个周期来开展工作，从而每天可以多次营造全新的开始效应。做什么事情并不重要，但要坚持以90分钟左右为一个周期。这种方法将让你重新充满活力，其效果令人吃惊。我现在已经将这个行为变成了一个习惯，甚至在我认为自己并不需要如此时也会习惯性地这样做。

数十年前，我们就已经知道人的睡眠周期为90分钟，我们会经历从浅度睡眠到深度睡眠的五个阶段[①]。但这些周期并不会因为我们

---

① 心理学家纳撒尼尔·克莱特曼（Nathaniel Kleitman）在其1939年的著作《睡眠与觉醒》（*Sleep and Wakefulness*）中提出了睡眠周期这个概念。克莱特曼在1953年提出了快速眼动（REM）的概念。

处于清醒状态而停止。科学研究显示，在认真工作超过 90 分钟之后，我们的大脑运转速度会开始慢下来，以便保存能量。我们的思维变得不再那么清晰，反思的能力会下降，很难有全面的看法，更多的是被动的反应。我们的快思考开始牢牢地抓住方向盘，而进行更深入思考的慢思考则进入冬眠状态。心理学家 K. 安德斯·艾利克森（K. Anders Ericsson）以专业的研究和理论而闻名。他认为人天生就拥有一定的节奏，会不断地在消耗能量和补充能量之间循环。他指出，从音乐到科学再到体育运动，这些领域内的顶尖人才一般都是在练习大概 90 分钟之后就会休息，然后再重新开始。

以上这三种快速启动的技巧可以创造奇迹。它们能确保"降低目标"这个缺陷不会影响你赢得大脑游戏。

知识点

降低目标

降低目标就是在争取胜利之前率先选择了投降。我们之所以会降低自己的目标，有多方面的原因，其中包括天生就喜欢看低自己的能力，未能制定一个包括动机和方法在内的目标，以及缺乏过去常常强调的坚毅力。寻找可能、构建目标和全新开始等方面的简单技巧可以帮助我们借电启动自己的思维机器，让我们重新向着挑战出发。

非我所创综合征

> 那些不再停下来思考和不懂得敬畏的人，跟死了没两样，他的双眼是闭上的。

阿尔伯特·爱因斯坦

多年前，我曾经和一群高层领导人开过玩笑。他们来自一家大型企业内的一个业务部，该企业希望我能协助改善其客户呼叫中心的绩效。在咨询工作中，我发现客户呼叫中心的 10 多位经理人和主管正在造成严重的问题。在一项业务领域，我发现客服代表提出的众多改进建议从未见过天日，这些建议本可以让顾客们的生活变得更加轻松，让整个公司受益。在另一项业务领域，一些利润极其可观的机会被摈弃了，每个都造成了相当高昂的机会成本。

我在一份报告中陈述了自己的发现，阐述了众多经理（其中包括聘请我来提供咨询服务的部分高层经理）是如何禁止下属采纳那些建议的。他们找了各种理由来否决建议，许多时候甚至是想都不想就直接否决。在一个案例中，甚至有人直接制定了不得提建议的政策。

我的报告引起了领导层的争论。他们竭力辩称"那不是我们的文化""员工是我们最大的资产""我们重视各种建议"，还有并且认为我大错特错了。我没有吭声，因为我发现组织文化中的集体思维已经根深蒂固，所以他们不能马上看出我报告中指出的那些问题。幸运的是，该企业即将在公司外部召开一次会议，由此我也有机会来证实我向他们提出的那些问题，因为我将负责设计会议的部分议程。

在公司外召开的会议上，120 名不同层级的人员参加了会议。一共有 12 个圆桌，我安排跨部门的人员坐在一起。换句话说，在任何一桌，高级经理旁坐着的都可能是管理培训生或行政助理。

我给大家安排了一项任务。这项任务就是流行的团队优先工作练习，也就是让每个人列出自己认为应该优先安排的一些工作，然后再让团队成员一起来对比大家的清单……这有点类似于"群体智慧"练习，让大家明白"我们"要比"我"更聪明，以及伟大的创意和解决方案可能来自任何地方，而且集体的成果永远比个人强。

这个练习的名称是"月球求生"。假设你驾驶的子飞船在登陆月球时被撞毁，而母飞船距离撞毁地点有 200 英里①远，哪些物品可以帮助你艰难跋涉这 200 英里，到达母飞船？请大家根据重要程度列举 25 项能够帮助你求生的物品。美国国家航空航天局已经有正确的物品清单，那可以被视为"专家级答案"，我这位主持人手中自然有这份答案。

不过我不是独自一人拿着答案。我在练习中增加了一个花样。我在每一桌都安排了一位"卧底"。我把答案给了该桌级别最低或资历最浅的那个人。在集体进行讨论时，我告诉这些手拿答案的人，他们要说服级别最高或资历最深的人相信，他们肯定知道正确的物品清单

---

① 1 英里 =1.609 344 千米。——译者注

是什么。他们可以畅所欲言，但绝对不能告诉同桌的伙伴我已经将美国国家航空航天局的答案给了他们。我告诉他们，他们可以说自己此前在另一家公司做过完全一样的练习，或者他们此前曾经在美国国家航空航天局工作过。不管哪种说法都没有关系，但绝对不能泄露任何一点我和他们之间的那个小秘密。

在集体讨论期间，没有一个团队得出正确的物品重要度排名清单，尽管他们手中就拿着最佳答案。

我以常规方式对练习进行了总结说明，当然也是证明了那几点。不过我知道，那些卧底们并没有产生"原来如此"的感觉。总结之后，我请每桌的"卧底"站起来。我告诉大家这些人手中都有答案，因为我预先已经将答案给了他们。

我真希望自己当时有照相机能够捕捉到那些经理们面红耳赤的样子。此后不久，他们就终止了我的咨询服务合同，但我已经表达了自己的观点。"非我所创"症状在该企业内盛行，而且给企业造成了严重的破坏。

症状：自动否定他人创意，重复工作

50多年前，广告业高管亚历克斯·奥斯本（Alex Osborn）向全世界提出了头脑风暴的概念。他在当时就如何发挥想象力提出了四条规则建议，其中两条的重点在于避免创意被拒。这两条规则分别是不做评判，以及以他人的创意为基础继续发挥。他充分意识到了"非我所创"这种问题的存在，尽管当时这个专业名称还没有出现。遗憾的是，他的这些规则未能阻止人们倾向于反其道而行。我们会进行判断，也会否决他人的点子。

"非我所创"是指对他人或其他团队提出的概念（包括知识、创意和解决方案等）加以强烈反对或自动否决，由此导致不必要的重复工作。"非我所创"有两个特点，一是创意来自外部，二是内部立即对创意加以贬低。

在本文引言提到的那个思维挑战中，我曾经明确地指出，此前的解决方案中包括提示、惩罚和激励等各种方式，可是都没有奏效。但在大家常常提出的解决方案中，有超过 1/3 的方案从本质上来说万变不离其宗，无非就是顾客忠诚计划、停止供应洗发水、单独收取洗发水的费用、以成本价销售洗发水、针对偷窃洗发水的人员发出"通缉令"、使用没有任何标志的瓶子来装洗发水、贴上"禁止带走洗发水"的标签，以及免费提供洗发水样品装等。

录像带挑战的情况也是如此。因为我是"局外人"，不属于那些要解决挑战的团队，所以我的知识和解决方案都未被接受。因此，尽管那些团队都严格遵守了奥斯本提出的头脑风暴原则，但他们在无意之间就达成了共识，认为那些原则并不适用于我在介绍挑战时提出的创意。多年的观察让我发现这种情况始终存在，而结果也始终就是非我所创和重复工作。

历史上不乏此类故事。面对新的创意，人们最初的态度都类似于"非我所创"，而最终这些创新取得了成功，成了大家生活中的一部分。这时我们只能惊叹，做个事后诸葛亮，觉得当初那些持"非我所创"态度的人显得实在愚蠢。

让我们以现在无处不在的 # 标签为例。谷歌公司前设计师克里斯·梅西纳（Chris Messina）在 2007 年时想到一个简单的办法来过滤 Twitter 上的内容并创建频道。当时他发博客介绍了自己的想法：

> 每次，当有人使用频道标签来标识状态时，不仅我们自己知道该状态的具体情况，其他人也可以看到内容，然后加入该频道来发表自己的内容。我们不用菊花链的 @ 来与一个或多个个体你来我往地进行讨论，只要简单地使用 # 回复，就算没有被 @ 的人也能够跟进相关主题，就像 Flickr 和 Delicious 标签一样。此外，只要此前加入了讨论，人们就可以看到既有频道的新主题。而且最好的一点在于，人人都可以选择加入或退出自己不感兴趣的主题。

他的创意相当完整，还制定了该标签的使用规则，例如，"没有人可以拥有或管理标签频道"，以及"当有人率先发表带频道标签的状态后，则该频道就会建立"。他在博客中还搬出了 Twitter 网页上的原型，以及关于人气颇高的西南偏南大会（SXSW）的测试案例。换言之，他已经通过原型测试验证了自己的概念。Twitter 对其提议反应如何？六年后，在接受《华尔街日报》的采访时，梅西纳表示："Twitter 网直截了当地告诉我，'这种东西只适合网虫。它们永远都不可能流行开来。'"

标签可以解决一个重要的用户问题，不过该解决方案来自公司外部。在梅西纳看来，这个标签是为了让 Twitter 用户可以"更自由地就自己分享的内容发表看法，与更多的人进行互动"。

历年来的"非我所创"案例

路易·巴斯德（Louis Pasteur）的细菌理论荒谬可笑，一派胡言。

图卢兹生理学教授皮埃尔·巴谢（Pierre Pachet），1872 年

这个"电话"缺点太多，无法作为一种通信手段来加以认真考虑。它对我们而言毫无价值。

西部联盟电报公司（Western Union）内部备忘录，1876 年

飞机就是一种有意思的玩具，毫无军事价值。

法国高等军事学院（Ecole Superieure de Guerre）战略学教授斐迪南·福煦元帅（Marechal Ferdinand Foch），1904 年

无线音乐盒毫无商业价值可言。谁会花钱来购买这种没有特定接收对象的信息呢？

大卫·沙诺夫（David Sarnoff）的助手看到他力推对收音机进行投资时做此回应，20 世纪 20 年代

见鬼，谁愿意听演员说话呀？

华纳兄弟公司 H. M. 华纳（H. M. Warner），1927 年

那颗炸弹永远也不会爆炸。我以炸药专家的身份保证。

海军上将威廉·莱西（William Leahy），美国原子弹项目

我已经游遍了这个国家的角角落落，也与杰出人士进行过交流，

我敢说，数据处理只是时髦一时，年底就会歇火。

> 普伦蒂斯·霍尔出版社（Prentice Hall），商业书籍责任编辑，
> 1957 年

他告诉我他不喜欢他们的声音。成群的吉他手都会被淘汰。

> 布莱恩·爱普斯坦（Brian Epstein）谈到迪卡唱片公司（Decca
> Records）高管迪克·罗（Dick Rowe）当年拒绝披头士乐队之事，
> 1962 年

开设曲奇店还真是糟糕的点子。此外，市场研究报告显示，美国
人喜欢脆饼干，而不是你制作的这种又软又有嚼劲的曲奇。

> 黛比·费尔兹（Debbi Fields）想成立费尔兹太太曲奇公司时得到
> 的回应

人们没理由会想在家里摆台电脑。

> 数字设备公司（Digital Equipment Corp）总裁、主席和创始人
> 肯·奥尔森（Ken Olson），1977 年

后来我们找到惠普公司，而它们说"我们不需要你们。你们大学
都还没有毕业"。

> 史蒂夫·乔布斯谈到他和史蒂夫·沃兹尼亚克的个人电脑

　　尽管流行企业文化一直在一定社会背景之下（组织、团队，甚至是两人合作）对"非我所创"问题进行探讨，但经验告诉我，这个问题完全源于个人，可能源于思维内卷（参见思维病2）。之所以这样说，是因为在过去25年里，我曾为众多高层领导者提供过咨询顾问，看到过数百起"非我所创"的案例。甚至当外部创意是为了整个组织的利益时，也会有"非我所创"的问题出现。我曾见过各种情况下的"非我所创"问题，而且程度不一。"非我所创"问题不一定针对的是公司外部提出的概念或知识。我也曾见过团队内部出现该问题，当团队成员不在同一个地方办公时尤甚。不管他们是分别处于校园的两头，还是地球的两端，情况似乎都一样。我也曾见到某高层领导团队花了数百万美元聘请外部公司来进行调研，提出客观的建议。但公司认为咨询公司提交的信息和建议不切合实际，毫无亮点，或者不值得实施，所以将它们永久地打入冷宫。这种情况让我颇为好奇。不过"非我所创"最普遍的危害之一或者也是对组织文化最致命的影响与社会等级有关，原因就在于它会遏制创造力，离间员工。也正是出于这个原因，我选择了用这种方式来开启本章的阅读旅程。

　　当概念需要传播时，如果存在空间、时间和组织架构等实实在在的或感知到的障碍，"非我所创"问题就会导致你被淘汰出局。

诊断：对压力、精神负担或威胁的应变

　　要理解什么原因导致了"非我所创"，维基百科的词条是个很好的起点：

在许多情况下，之所以出现"非我所创"问题，是源于单纯的无知。很多公司从未进行调研来了解某解决方案是否早已存在。同样常见的情况就是组织内的员工故意拒绝接受已知的解决方案，因为他们没有花时间去进行了解就直接拒绝了；或者是因为如果接受已知的解决方案，他们就将不得不学习新的术语或基础设施概念；又或者是因为他们认为自己可以创造更高级的产品；抑或是因为相比找到现成的方法，发明新方法的功劳更大。

一份针对"非我所创"的文献研究发现，"非我所创"总的来说是一种因为偏见或习惯性态度而产生的倾向，这种倾向源于人们感受到的压力、精神负担或可能的威胁。"非我所创"源自我们的快思考，而不是慢思考。显然，拒绝接受某个点子或解决方案可以有很多合理的原因。事实上，更多的点子应该被拒绝，而不是被接受，因为好点子与坏点子之比就算不到几千分之一，也有几百分之一。很多人都熟知莱纳斯·鲍林（Linus Pauling）的那句话："找到好点子的最佳办法就是多想点子。"对点子进行理性的、合理的拒绝是件好事，但好在这种拒绝并不是因为什么"非我所创"。

当我们在某个方面的专业知识有所积累时，"非我所创"的问题就变得更明显。知识积累就是逐渐掌握了一种力量……"知识就是力量"。专业知识是所有偏见之母。奇普·希思（Chip Heath）和丹·希思（Dan Heath）在《粘住：为什么我们记住了这些，忘掉了那些》（*Made to Stick*）一书中称"非我所创"是一种诅咒，是"知识的诅咒"。在讨论思维内卷（参见思维病 2）时，我们介绍了思维模式可以阻碍我们从全新或不同的角度去看待挑战。专业知识则更是"雪上加霜"。

心理学家认为范围较窄的深层次知识，也就是专业知识会让我们拥有一个有限的个人和社会领域，该领域和我们的个人形象密切地结合在一起。因此，我们认为任何可能打破这个领域的东西都是对自身地位、权力或职务的潜在威胁。这也能解释为什么大家通常是在社会群体或组织的背景下来讨论"非我所创"的。

"非我所创"也就和我们自认为拿手的知识和活动领域相关了。如果我们是专家，就应该懂得所有伟大的点子，或者自认为应该如此。尽管这句话听起来似乎不合常理，但如果其他人在我们的专业领域内有了创意或提出了某种解决方案，我们在一定程度上会有种技不如人的感觉：我本应该想到这个的。接着内心开始慢慢感到害怕，担心他人可能认为我们达不到专家水平，当对方是老板、员工或客户时这种担心尤甚。也就是在这个时候，我们才会加大自己的防御举措，例如，采取"非我所创"的回应，保护自身的地位、权力或职务。

"非我所创"的神经学原理

学科专长和知识诅咒

"非我所创"缺陷可能存在生物学方面的原因。

首先，前面数章的探讨告诉我们，注意力密度通过量子芝诺效应决定和改变着大脑内的连接模式。杰弗里·施瓦兹博士和大卫·罗克（David Rock）在他们颇具影响力的论文《领导力的神经科学》（*The*

Neuroscience of Leadership）中揭露，在不同的知识领域内，拥有深厚专业知识的个体存在不同的模式化思维方式。换言之，市场营销专家和金融专家的思维方式就不同，他们看世界的角度也会截然不同。

其次，要处理新概念，就必须启动慢思考。大家应该还记得，慢思考比较懒。新点子和新知识的处理给我们的前额叶皮层带来了一定的压力，而慢思考就来自前额叶皮层。我们天生就喜欢保存资源，不管是脑力资源还是其他资源都是如此，所以我们会自然地拒绝新点子，但这并非是因为新点子质量很糟糕，而是因为新点子需要我们投入巨大的精力来全神贯注，在大脑内建立新的连接。这种感觉并不是很好，所以我们不愿意消耗这些精力。

最后，施瓦兹和罗克告诉我们，其他人的点子无法像我们自身的点子一样，让我们得到同样的化学物质的奖励。当我们自行解决一个问题，在灵感迸发的那一刻，大脑内产生复杂的新连接，释放出大量类似于肾上腺素的化学物质，影响我们的神经系统。

"这些连接可以提高我们的脑力资源，克服大脑对变革的抗拒，"施瓦兹和罗克说，"要让各种见解发挥作用，这些见解就必须是从大脑内部产生的，而不是作为结论被告知的。这是基于多种原因。首先，只有经历自行产生连接的过程，人们才会体验到类似于肾上腺素的灵感流。其次，灵感迸发是一种让人充满活力的、积极的体验。这种能量的快速涌流可以发挥重要作用，推动改变。它能帮助人们去与试图阻碍变革发生的体内（和外部）力量，包括恐惧，进行抗争。"

相比认同他人的点子，想出自己的点子在认知上要更容易，也能给人们带来更大的精神奖励。

如果我们暂时不看神经学和生物学，而是采用合成的方法，就更容易得出结论。当人们试图吸收他人的想法时，会不自觉地进行心理的成本收益比较，而且收益感知会错误地落在认知天平上较轻的一方。神经传导的原因决定了这种缺陷不易克服。和前面讨论的各种对策一样，在克服"非我所创"的问题时，我们必须抛弃思维范式，让我们的思维战胜大脑，建立同样有益的大脑连接。

最好的办法就是学习巴勃罗·毕加索的方法。后者曾经说过一句名言："能工摹其表，巧匠摄其魂。"这是一种克服"非我所创"的好方法，能够帮助我们去学习他人如何解决问题，从而避免重复工作。解决"非我所创"问题的同时，你也许能成为巧匠。

良方：他人所创——寻求外部创意

苹果公司工程师杰夫·拉斯金（Jef Raskin）和比尔·阿特金森（Bill Atkinson）在1979年提出了参观施乐帕洛阿尔托研究中心（Xerox Palo Alto Research Center，PARC）的要求。如果存在"非我所创"这个缺陷，史蒂夫·乔布斯可能永远不会去考虑这个要求，更不用说被说服同意了。他或许永远不会与施乐公司风投部门签订协议，同意后者在苹果公司上市之前购买10万股公司股票，以换取乔布斯和其同事们能好好地参观施乐帕洛阿尔托研究中心。他可能永远不会说服施乐公司的科学家拉里·特斯勒（Larry Tesler）给自己展示施乐帕洛阿尔托研究中心在计算机用户交互方面进行的种种工作。他可能永远不会看到施乐帕洛阿尔托研究中心已经开发出来的图形用户界面。这个界面的设计看上去像桌面电脑，将传统的电脑命令行和

DOS 提示符变为了文件夹和文件的图标，然后使用被施乐称为"鼠标"的东西，只要指向图标就能点击打开。他可能永远不会看到在电脑屏幕上显示字符串的一种新方式，这种新方式被称为位映射，可以带来令人炫目的图形显示。他可能永远不会看到被称为阿尔托的一台施乐计算机原型在运行名为 Small Talk 的面向对象编程语言。他或许永远看不到计算发展的未来，也不会将毕加索的"巧匠摄其魂"付诸实践，在苹果产品中借用施乐的界面，并在后来宣称"我们从不以借鉴伟大的创意为耻"。他可能永远无法大幅改善该概念，也不会找到工业设计公司艾迪欧公司将施乐公司三个按键的鼠标重新设计为一个按键的设备。他可能永远不会带着一支由苹果公司工程师和设计师组成的队伍前去施乐公司经销商处观察第一台拥有图形用户界面的机器施乐之星（Xerox Star）。他可能永远不会聘请拉里·特斯勒和施乐公司硬件设计师鲍勃·贝尔维尔（Bob Belleville）来帮助苹果公司开发产品，并最终拥有了第一台 Macintosh 计算机。

在重新掌权苹果公司之后，史蒂夫·乔布斯打开了职业生涯的第二篇章。此前，没有乔布斯领导的苹果公司一直是"非我所创"缺陷的典型案例。重回苹果公司之后，如果存在"非我所创"这个问题，史蒂夫·乔布斯可能永远不会找来工业设计师乔纳森·埃维（Jonathan Ive）帮助自己重振公司。如果乔纳森·埃维存在"非我所创"这个毛病，则永远不会从博朗公司（Braun）天才设计师迪特·拉姆斯（Dieter Rams）处借用其设计风格和美观性 [①]。

史蒂夫·乔布斯和乔纳森·埃维都像伟大的艺术家一样，不受

---

① 很多文章曾揭示，博朗和苹果公司的产品之间存在可怕的相似性。

"非我所创"的影响，因此联合创造了无可比拟的产品设计，带来了改变全世界的商业成功。这种对"非我所创"的免疫就像是他们的荣誉徽章，现在也被称为"他人所创"（PEE）。这个词语 2000 年由宝洁公司提出，当时宝洁公司正进入雷富礼（A.G.Lafley）的领导期。

乔布斯和埃维能将创意执行和商业价值充分结合在一起，这是相当罕见的。雷富礼在评估宝洁公司创意工作的影响力时也同样认识到两者结合的重要性。正如罗杰·马丁所阐述的那样，雷富礼接手公司时，在前任首席执行官的领导下，宝洁公司的创新工作完全是场灾难，虽然内部研发投资是此前的三倍，但成果惨淡，只有15%的创新项目能够达到销售和利润预期。雷富礼知道，增大投资并不能解决问题。于是他开始寻找更好的创新方式。正如马丁所介绍的，雷富礼"在宝洁公司外部查找其他组织如何解决自身的创新问题"。他发现规模越小的机构创造力越强，而大公司虽然拥有小机构无法匹敌的资源来开发和传播创新，但它们的创造力反而不及小机构。马丁写道："他对'正确'的创新方式不存在任何偏见，而是为宝洁公司制定了目标，要求公司和大量外部创新者建立联系，公司50%的创新必须是从外部获取的。此后，宝洁公司将会充分利用其庞大的资源优势来开发创新并进行商业化。雷富礼称这是'联系与发展'战略，而且这条战略将能让宝洁公司把相对适度的创意投资变为高出普通水平的增长。"

是的，你看到的没错：宝洁公司半数新产品必须是由公司外部开发的！

宝洁公司创意部门的全体员工都表现出了"非我所创"的毛病，

集体抵制该战略。但当你是一家数十亿美元的跨国公司的首席执行官时，要消除"非我所创"，通常所需要的只是下一道命令。不过雷富礼还是倾听了他们的诉求，发现他们认为"联系与发展"战略就等同于外包。于是他马上纠正了员工们的这种想法，向他们保证公司的目的就是能将创意工作的商业生产力提高两到三倍。此后，他表扬了制定该行动的三位创意高管，其中两位分别是拉里·休斯敦（Larry Huston）和纳比尔·沙卡柏（Nabil Sakkab）。他们曾在 2006 年 3 月份出版的《哈佛商业评论》上发表过一篇广受欢迎的文章，在文章中向全世界介绍了"他人所创"这个词语。文章中写道：

> 雷富礼为我们制定了目标，要求公司 50% 的创新必须从公司外部采购。这条战略不是要撤掉我们的 7500 名研发人员和辅助人员，而是为了更好地发挥他们的能力。雷富礼表示，新产品半数由我们的实验室自行开发，半数将通过实验室从外部获取。不管是在当时还是现在，这都是一种相当激进的想法。根据我们对外部创新资源的研究，我们估计宝洁公司的研究人员与全球其他同样优秀的科学家或工程师之比为 1:200，也就是我们可以借用全球大概 150 万人的聪明才智。但要利用公司之外的发明家和其他人的创造思维，就必须对公司运营进行大幅变革。我们必须消除公司内对"非我所创"的抵制情绪，树立对"他人所创"的热情。而且我们必须改变对自身研发组织的定义和认知。我们的产品研究组织不是公司内的这 7500 人，而是这 7500 人再加公司外的150 万人，两者之间存在界限，但彼此是可以相互渗透的。

界限的两边是可以相互渗透的。这就是最完美的"整合"（参见思维病 4 "满足于最低标准"）。

如果你没有雷富礼的那种影响力，不能在全公司下令推行界限的两边可相互渗透，那你要怎么办？如果你从本质上来说是自己的管理者，那么你该怎么办？"他人所创"的两个特征就是从外至内的创意流，以及走出公司与新创意源建立联系。以下工具是帮助你实现这两点的最佳方法。

开放式黑客马拉松：吸引外部创意

我与埃德蒙兹公司（Edmunds）有五年多的合作经历。这是一家家族企业，综合使用大数据和人与人之间的接触来为美国消费者提供个性化的、轻松自在的购车体验。自 2013 年起，埃德蒙兹公司每年都会组织一场名为汽车黑客（Hackomotive）的年度创新大赛，为期数天，邀请个人、团队，甚至是初创公司来到它们位于圣塔莫尼卡的总部进行创新，大幅改善汽车零售业务。公司每年会颁发三项现金大奖。此外，一些获奖创意还会被邀请参与到公司内部名为快车道（Fastlane）的快速开发项目，为期三个月。有时候，这些加速器可以带来收购、招聘或两者皆有。这已经成为一项高产的"他人所创"工作，所带来的突破性创意从多个方面为公司创造了切实的顾客价值，这是埃德蒙兹公司单靠本身可能永远无法做到的。

像汽车黑客这种黑客马拉松已经完全突破了"黑客"这个词语所源于的科技领域，成了一种有效的方法，可以在短时间内汇集各种各样热情洋溢的人，解决现实世界的问题，带来众多强大的创意。他们中有设计师、善于讲故事的人、市场营销人员、编码人员和企业家。创新是一种身体接触性项目，众多才华横溢的个人挤在一起，将头凑在一块，希望能协力创造一些具有深远意义的东西。

黑客马拉松不一定必须面向公众开放，内部的黑客马拉松活动也同样能打破界限，激发大家的热情和参与度，消除"非我所创"的文化。

知识网络：建立更多的联系

在丰田大学任职期间，我们鼓励个人与大学外部进行全面合作，并且建立了我们的知识网络。这个网络与宝洁公司的创新合作伙伴网络非常类似。现在，通过移动设备与大量知识源进行"联系与发展"的难度大幅降低，你手中就可能拥有数十种方式。

建立知识网络的目的同雷富礼在反思宝洁公司创新框架时的目的一样，即发现和利用他人的才华，建立一个更具渗透性的边界，将他人的创意吸引过来变为自己的专有技术，从而提高生产力和商业价值。这种方式有助于遏制可能存在的"非我所创"倾向[1]。

要比较直观地表示知识网络，可以将它视为一个雷达屏幕或者靶子，然后再根据有价值或有用的知识源种类来分成数块，如图 6–1 所示。

---

[1] 为了遏制自身的"非我所创"倾向，我采取的方法之一就是为美国运通公司的 OPEN 论坛（OPEN Forum）撰写书评和采访作者。在四年的时间里，我撰写了约 100 篇文章，从中不仅仅学会了如何去欣赏他人的想法（即使这些想法与我的观点相悖），同时也发现了我是真的乐于去宣传这些想法的。

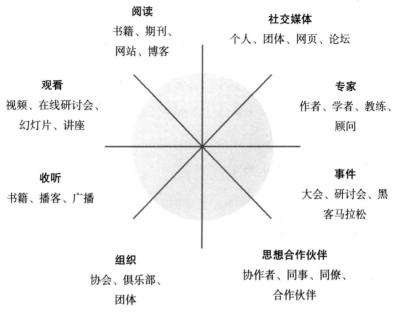

图6-1　知识网络

　　为了将这个直观图变成有用的工具，让我们来思考一下三种可能的联系层次，外圈代表关系最松散的联系网，最内圈代表质量最高的联系网。高质量的联系是指你会经常与这些人进行联系，向他们进行咨询。你接收到的信息、知识和指导都是非常出色的，可以让你更快、更好且更聪明地处理事情。这种联系的另一个特点就是容易获取。你与这些人之间存在高质量的对话、快速的响应和密切的合作。

高质量的联系可以让你不断地向前发展[1]。为了不断地提高知识网络的价值，请着重去加强同那些有可能变成内圈的人的联系。

我曾在加州马里布市的佩珀代因大学（Pepperdine University），为两年期的 MBA 学生上创造力和创新实验课。当时我鼓励他们通过知识网络去进行"联系与发展"。多年后，我仍然会收到学生们的信息，告诉我那些知识网络如何帮助他们成了更成功的商业人士。

要建立知识网络，最好的方法之一就是参加黑客马拉松。如果你正在参加黑客马拉松，那千万不要去想什么"非我所创"。这个缺陷对你而言已经不存在了。

知识点

非我所创

当我们认为知识传播存在一定界限时，就会去抗拒和抵制他人的创意。科学告诉我们，我们在吸收他人的创意时会消耗自己大脑内的认知资源，不过无法创造出相应的奖励。如果能突破我们所认为的界限，吸收他人创造的概念，就可以借助他人的力量让这条界限变得更容易渗透，从而改善我们的思维和创造力。

---

[1] 在构思本书时，我也建立了一个基于本项目的知识网络。在本书中，大家已经看到了部分内圈的思想合作伙伴的名字。这些人是我的导师，为我提供了种种建议。他们中有罗杰·马丁、杰弗里·施瓦兹博士和迈克尔·施拉格。本书中提到的其他个人和作品则属于中圈和外圈。

自我审查

天才并不比其他人聪明，而是能随时抓住灵感。

阿尔伯特·爱因斯坦

如果让你去思考有哪些方法可以最大限度地抑制人们的创造力，你会想到哪些？这是我最爱的一段幻灯片演示中探讨的核心问题。这段幻灯片演示名为《反创造力清单：抑制想象力、创新力和突破性思维的 11 种方式》[*An Anti-Creativity Checklist: 11 Ways to Stifle Imagination, Innovation, and Out-of-the-Box Thinking* (*Guaranteed Results*)]，主讲人为哈佛商学院创新和战略教授扬米·穆恩（Youngme Moon）。我之所以喜欢这份幻灯片演示，是因为她的演讲幽默诙谐，而且使用了"相反的世界"的方法（参见思维病2）来阐述自己的观点。以下是这段幻灯片演示中我最喜欢的五点。

· **谨慎行事：倾听自己的内心**

穆恩的意思是我们的大脑会进行自我审查，念叨着："为什么你要冒险说出自己的想法，如果其他人觉得这是个愚蠢的想法怎么办？"要是听了这些废话，肯定会阻碍你发挥自己的创造力。

- **了解自身的局限：不要害怕将自己归类**

这与自我审查类似，明确地告诉你，你不具有创造力，不是创新者。它将把你套进一个盒子里，让你束手束脚。

- **尊重历史：相信过去**

穆恩再次指出，过度保护性的声音甚至希望在创意完全形成之前就对其加以遏制，它会警告你不要去费事启动慢思考，最好直接采用过去的成功方法。这样会更加安全，更加轻松，而且更加舒服自在。干吗要浪费宝贵的脑力资源呢？

- **闭上眼睛，也封闭自己的思维**

穆恩这句话的意思是扮鸵鸟将头埋在沙坑里就好了。身边发生的种种变化和颠覆都不会持久，不管是新知识、新技术还是新的工作方式，都是如此。它们只是让人分心的东西，是稍纵即逝的热潮，所以不要走近它们，不要花脑力去学习它们。换言之，就待在原地不要动。用你自己的方式去看这个世界，这是唯一正确的方式。听起来是不是很耳熟？是的，这其实就是思维内卷。

- **在其他一切都失败后，要表现得像个成人**

不要玩耍，不要探索，不要问为什么，不要捣乱，做好自己的事情就可以了，因为这才是真正要做的事情。

这五种表现的核心其实是一样的，即我们要讨论的第七种致命性的思维病：自我审查。

病症：惯于"谋杀"自己的创意

在开始使用向洛杉矶警察局拆弹专家们介绍的种种思维挑战游戏后不久，我意识到开这些研讨会的房间里其实通常就存在着绝妙的解决方案，它们并不需要作为标准答案呈现出来。在对练习进行分析总结时，我开始询问有多少人此前已经想到或讨论过将洗发水瓶盖去掉，或者是录像带在出租时不用倒带。就算他们最终没有选择这些点子也没有关系。大家的答案无非就是两种。

第一种情况就是人们事实上向整个小组提出了绝妙的解决方案，或者是非常接近于绝妙解决方案的点子，但未能让小组最终选择该建议。这个点子被某个思维缺陷所打败，就像是"月球求生"练习中绝妙的解决方案最终被"非我所创"打败一样。

第二种情况就是某个人已经想到了该解决方案，但并没有在小组中提出来。不过我首次注意到这种情况并因为有人举手表示他们此前早已经想到了答案，而是因为在研讨会中场休息时有人找到我，相当羞怯地告诉我，她大脑中当时立马就冒出了这个解决方案。我很好奇为什么会这样。

她说："这个答案似乎太容易，也太显而易见了，但我在这些方面实在不擅长，所以我认为自己的点子太过简单了，可能不对。"

这就是典型的自我审查，也就是通过拒绝、否认、遏制、抑制、打击、沉默和其他方式来"谋杀"自己的点子。她在自己的想法见光之前就已经对其产生了怀疑。我觉得这是一种悲剧，是思维犯罪，是"创意谋杀"。

　　自我审查可能在这些致命性的缺陷中是最致命的，因为它是主动停止想象，是一种不用心的表现，久而久之，最终将扼杀我们天生的好奇心和创造力。同"非我所创"一样，这也是一种特殊的思维内卷现象，接近于精神被虐待狂。我们创造了一个绝妙的想法，我们也意识到这是一个出色的点子，却不假思索就直接否认或扼杀了这个创意。但与"非我所创"不同，这中间没有任何实实在在的或心理上的界限存在，有的只是我们思维方式上的障碍，即大脑游戏的攻防线。

　　正如我在引言中介绍的，自我审查的根源在于个人的恐惧心，这就导致我们不管拥有何种创造本能，都只是保持沉默，甚至会让我们显得相当不用心，只会夸大其词、杞人忧天。威尔士小说家莎拉·沃特斯（Sarah Waters）对此有过精彩的总结："在写小说的过程中，我常常会在某些时刻陷入彻底的恐惧之中。我盯着屏幕上乱七八糟的东西，眼前快速冒出种种画面，书评中的讽刺嘲笑，朋友们的尴尬，失败的事业，收入锐减，房子被收回，离婚……"

　　关于自我审查的文献研究比比皆是。自我审查有许多种说法。心理学家卡尔·荣格曾经写道："事实上，鲜有人充分意识到他们内心住着一个批评家或者裁判，会针对他们所说或所做的一切事情立即进行评判。"

　　我是在迈克尔·雷（Michael Ray）和罗谢尔·迈尔斯（Rochelle Myers）在1986年合著的经典著作《商界创造力》（*Creativity in Business*）中第一次正式了解到这个缺陷的。他们当时在斯坦福大学商学研究生院讲授这门课，人气颇高。这本书正是以那门课为基础撰写的。

在书中，他们提出了"评价之声"（voice of judgment）的概念，而学生们则给这个概念起了个好听的名字——VOJ：

> 如果你不敢冒险，或者不知道何时应该冒险，可能就是因为你害怕被自身思维设置的障碍物绊倒。如果你缺乏大胆创造的信心，那无疑是因为你打开了"评价之声"。在我们所有人的体内，都有这种"评价之声"。你可能认为这股抑制力来自同事，或者是源于商业环境，又或者是源于整个社会。但如果你让这股力量阻止自己采取行动，那么你听到的则是自己内心的广播。

雷和迈尔斯提出，这种评价就是"披着羊皮的狼"，总体而言是一种好事，多数情况下会让我们保持在正轨中。但随着我们的社会性越来越强，我们融入社会的意愿也就越来越强，"我们开始将从众作为判断的目标，并且屈从于这种判断结果。这种判断会谴责、批评、责备、取笑、贬低、定罪、宣判、惩罚，它会阻止任何与虚构的规范略有差异的东西。"

小说家、编剧斯蒂夫·帕里斯菲尔德（Steven Pressfield）让我们见识到了创造力最大的敌人，即他所说的抵抗力（Resistance）。他在 2002 年出版的著作《艺术之战》（*The War of Art*）中写道，抵抗力"是这个世界上毒性最强的一种力量……是导致烦恼而非贫穷的根源……抵抗力会扭曲我们的灵魂。它会阻碍我们发展，让我们不再是生来的那副模样。太阳下总有阴影，而天才的阴影就是抵抗力。"在 2011 年，他又撰写了《创造伟大》（*Do The Work*）一书。在书中，帕里斯菲尔德进一步称抵抗力是一种"恶魔"，这个敌人会以"恐惧、自我怀疑、拖延、沉迷、分神、胆怯、自我和自恋、自我憎恶、完美主义等多种形式"出现在我们面前。他用了大量文字对抵抗力进行拟人化："抵抗力会像个律师一样与你理论，或者是像强盗一样拿把口径 9 毫米的手枪抵着你的脸……它在行动时是没有感情的。它不知道你是谁，也根本就不在乎你是谁。抵抗力从本质上来说就是一种武力。它在采取行动时相当客观。尽管抵抗力让人感觉相当恶毒，但事实上它在行动时完全中立，遵循完全一致的标准。当我们集结所有力量来与抵抗力对战时，还必须牢记……抵抗力会一直撒谎，脏话不断。"

我们在思维病 2 中认识了杰弗里·施瓦兹博士。他在讨论自我审查时，更为平和，也更加理性。他将自我审查归类到各种"大脑欺骗性信息"之中，这类信息是错误的、虚假的，也是毫无用处的。施瓦兹博士认为这些想法会导致你偏离自己真正想要实现的目标，触发他所谓的"糟糕"中心，该中心发送虚假的警报，提醒你注意有问题出现。有趣的是，施瓦兹博士在其著作《你不是你的大脑》中开篇讲述的故事相当戏剧化。故事的主人公叫艾德，是一位才华横溢的百老汇演员，但"存在严重的怯场问题，而且非常害怕被人拒绝"。艾德的大脑向他发送信息，让他觉得自己并不出色，不配得到赞誉和成功。施瓦兹博士写道："更糟糕的是，关于艾德的这些欺骗性的大脑信息是完全错误的。"在其他人眼里，艾德是一个受人欢迎的表演者，是舞台上的大师级人物，他的表演常常可以让观众们看得如痴如醉，感动得流泪。这听起来颇像亨利·方达（Henry Fonda），他在登台前都会呕吐。但在艾德脑中，他想到的只有自己如何糟糕透顶。"艾德的大脑不相信他具有与生俱来的出色技能和优秀品质，而是忽视自己的优点，强调他可能会在什么地方犯错，以及他人可能会如何看待他的错误。从本质上来说，大脑就是在追踪他细微的缺点和不完美之处。"

内心的批评家、VOJ、抵抗力、欺骗性的大脑信息，不管是采用哪个名字，自我审查都会一举扼杀我们出色的思维。如果我们听之任之，结果就只会那样。

诊断：因害怕而产生畏缩心理

自我审查的出现有生物学方面的原因，也有社会方面的原因，有着和思维内卷一样的起源，也会激发同样的大脑功能，但外在表现非常像"非我所创"，所以在这些方面就不再赘言。不过在这几个方面之间还是存在一个微妙的差异。"一朝被蛇咬，十年怕井绳"这句话就很好地概括了其中的要点。被滚烫的炉子烫过一次后，通常我们在以后就会尽力避免再次遭受同样的痛苦。同样的道理，我们在最初被社会拒绝或嘲笑后，会感到强大的压力。于是我们很快就学会了害怕，并且会自动回避各类潜在的、令人紧张的情况。

在思考和解决问题时，我们对压力的反应会变得根深蒂固，根本无须思考就会自动做出反应，我们的回避战术会自动抑制那些可能创造收益的新体验。在进行自我审查时，我们根本就不会给那些体验丝毫的机会。

自我审查的神经学分析

威胁保护系统

范德比尔特大学（Vanderbilt University）的罗伯特·莱因哈特（Robert Reinhart）和杰弗里·伍德曼（Geoffrey Woodman）提出了"哎哟"反应。他们认为，我们的大脑里有一个刺激肾上腺素的威胁保护系统，该系统不仅仅管理着我们的战斗 - 逃跑 - 投降反应，同时也让我们能够从错误中吸取经验教训。

很久以前，科学家们就认为我们的威胁保护系统源自大脑内部的一些神经系统。在犯错的时候，我们的额叶皮层会产生一股阴极电流。莱因哈特和伍德曼在最近的一份研究中指出，我们的大脑在面对错误时的反应是能够加以控制的。通过刻意地使用适度的电流去刺激大脑，我们就可以加强或减弱大脑面对错误时的反应。"我们希望能进入你的大脑，然后基于一定的原因来控制你内心的批评声音。"莱因哈特说。

他们给被试一顶"思维帽"，即一个弹性头带，上面有两个电极，可以通过在脸颊和头部放置浸泡了盐水的海绵的方式，来产生电流。被试会受到20分钟的经颅直流电刺激，电流方向是随机的，或许是阳极的（从头到脸颊），或许是阴极的（从脸颊到头），又或许只是起到安慰剂效果的无电极。接着，被试要完成一个通过尝试犯错来进行学习的任务。他们会拿到游戏控制按钮，对应一个监控器上显示的特定颜色。被试只有不到一秒钟来做出正确的反应，因此非常容易犯错，由此可以让研究人员在被试犯错的那一刻对其大脑行为进行测量。

实验结果非常有趣。在阳极电流的情况下，"哎哟"时刻突增的瞬间负电压是平时的两倍，而被试犯错更少，学习速度更快。在阴极电流的情况下则出现了截然不同的情况，被试犯错更多，学习速度更慢。这一结果进一步显示了我们"内心的评论家"的重要性。正如莱因哈特所说："所以当我们进行正向调节（"哎哟"）时，就可以让自己更加谨慎，少犯错……"

尽管这个反应可以提高你从错误中吸取教训的能力，但同时也会增加自我批评，因为那是威胁保护系统的一部分。换言之，它让我们安全的同时可能会矫枉过正，导致我们过度安全。事实上，它会启动自我审查。

在关于功能性磁共振成像的研究中，英国金斯威医院（Kingsway Hospital）的保罗·吉尔伯特（Paul Gilbert）发现，"威胁保护思维就是自我批判思维"，也就是说，即使不存在真正的外部威胁，我们的威胁保护系统也会启动，让我们进行自我批判。

吉尔伯特表示，如果我们过多地进行自我批判，可能就会进行自我攻击、打击他人，或者是寻求某种形式的逃避以"逃离对自身错误的了解"。

或许这种不用心正是自我审查的根源所在。不用心并不等同于愚蠢或无知，也根本不是大脑损伤的表现。《专念：积极心理学的力量》（*Mindfulness*）的作者埃伦·兰格（Ellen Langer）对此的定义是："当你不用心时，过去就会对现在有着过大的决定力。你会被困在过去的框框里。你会被局限在僵化的视角中，看不到其他角度。当你不用心时，你会将平和的心态与潜在现象的稳定不变混为一谈。你认为自己知道事情的真相，却发现自己实际上并不明白，因为一切都在改变，从不同的角度来看待事物，一切是完全不一样的。"

我请埃伦·兰格举个实例。她说："我曾经参加过一次赛马活动。一位男士走到我面前，请我帮他看一下自己的马，他要去买热狗吃。他拿了一个热狗回来，喂给自己的马吃。这匹马吃掉了热狗。我当时说，老天呀，这是怎么回事，'马不吃肉的呀。'接着我意识到，所有的信息都会随着时间的流逝和背景的改变而发生变化。所以，每次当你认为自己懂得某些东西时，实际上它可能是错误的。"

"很显然，我们可以为自己的种种假设找到证据，"她继续说，"所以如果当你反思自己（也可以是他人）的想法（这些想法有什么错误，多么糟糕）时，你都可以轻而易举地找到相应的证据。同样，你也能轻而易举地为其对立面找到证据。如果你更加用心，可能就会同时从两个方面去找证据。你必须明白，这些事情并不会让我们感到紧张和压力。紧张是一种结果，是我们对事件的诠释，而非事件本身。当你面对某些看上去让人紧张的东西时，你想到的是两点。第一，可能会出现某种情况。第二，当这种情况出现时，会非常可怕。"但这两点可能大错特错。

我来解释一下埃伦·兰格的那番话。因为自我审查完全源于过去的经历，而非当前的情况，所以自我审查传递的信息实际上可能是虚假的。如果自我审查让我们认为自己知道某件事情，但这件事情可能并非真的，那么自动将那件事情视为真理就是一种不用心，是自我欺骗。兰格认同了我的解释："当你认为'我知道'，也就有了自己了然于心的假象，产生胸有成竹的假象，那么你就会变得不用心。"

请让我以自己为例。在针对不用心这个概念探究一些新观点时，我希望能够与埃伦·兰格进行探讨。她的经典著作《专念：积极心理学的力量》和后来知名的《专念创造力：学学艺术家的减法创意》（*On Becoming An Artist*）都在我最爱的书籍之列。我不想只是通过邮件来简单地问些问题就算访问过她了。我希望能和她聊聊不用心这件事，因为它与自我审查之间存在密切的关系。但问题在于，我的自我审查缺陷拖了我的后腿。我不确定她是否会接受我的请求，所以自我审查缺陷冒出来了。它告诉我："埃伦·兰格根本就不认识我。她犹如摇滚巨星，是重量级的人物。她不会有时间来接待我，就算是有时间也可能不想和我进行探讨。她不会愿意的。"我又怎么知道埃伦·兰格从未听说过我呢？我的确不知道。我怎么知道她会没时间呢？我不知道。我怎么知道她不想和我进行探讨呢？我不知道。如果我不用心，直接接受自我审查所传递的这些错误信息，认为那些信息就是真理，那么我可能永远也不会有机会和她相谈甚欢了。

兰格指出，我们必须学会如何随机应变地去看待这个世界，而不是采用绝对的视角。当我们处于不用心的状态时，一开始就会持绝对的态度去看待这个世界。看待事物有多种多样的视角和方式，而我们自己的视角只是其一。要懂得这一点，就必须学会接受不确定性。"正念觉知就源自不确定性。当你明白一切都是不确定的时候，一切就会再次变得有意思。"兰格如是说。

这马上让我想起了自己最美好的一段记忆。当时我们住在一个小型居民区里，各家各户的邮箱都集中在一个地方，从我家走过去也就是一分钟的时间。那是我一个人走所需的时间。我女儿那时才只有一岁，还在蹒跚学步。我曾带她一起去取信件。当然，如果带上我女儿一起走，随随便便就要 20 分钟。不管是去还是回的路上，沿途的一切——每个小石子、每只小蚂蚁、每根小棍子、每片叶子、每根草、人行道上的每道裂缝都会让她着迷。她都想捡起来，看一看，尝一尝，闻一闻，摇一摇。在她的眼中，一切都非常有意思。她什么都不知道，而我什么都知道。她是非常细心的，而我则完全不用心。

要克服自我审查的毛病，就要让一切都再次变得充满吸引力。

良方：自我疏离——摆脱怀疑，不偏不倚看问题

不用心的反义词自然就是正念了。关于正念有两种观点，分别是东方观点和西方观点。东方观点认为冥想这种特别的方法是实现正念状态的必要元素。东方观点强调控制思绪，心境平和。这套理论和西方的正念观点南辕北辙。西方观念强调的是积极思考，而不是控制思绪。埃伦·兰格的《专念：积极心理学的力量》一书很好地概括了西方观点。尽管关于正念和冥想的东方观点正在快速流行开来，成为我们西方商业文化中一个耀眼的新事物，但我在本文中所希望探讨的并非这个观点。要解决难度较大的挑战，就必须积极地从不同角度加以思考。

大卫·罗克在其著作《高效能人士的思维导图》（*Your Brain At Work*）中将正念定义为："活在当下，眼观六路，耳听八方。"加州大学洛杉矶分校正念觉知研究中心的丹尼尔·西格尔（Daniel Siegel）则提出，正念是"我们在做出反应前暂停的能力"，从而"让我们有

思考的空间，考虑各种可选方案，然后选择最合适的一个"。

正如埃伦·兰格所说："当我们处于正念状态时，观察力会更强，人的活力也更足。你会自己培养观察身边事物的能力。总的来说，留意新事物可以让你活在当下。最重要的一点在于，它会让你明白，你并不了解自己认为理应明白的东西，所以一切对你而言又变成了新事物。"

这种正念就是更高层次的集中注意力，留心观察身边每时每刻的变化。这种正念正是解决自我审查问题的方法。我给它取了一个名字叫"自我疏离"。这个名字恰到好处，原因有几个。

首先，这种正念的核心之处在于眼观六路、耳听八方，它让我们想起了 150 年前的一个经典概念，即"公正的旁观者"。这个概念最初由苏格兰哲学家亚当·斯密在其 1759 年所著《道德情操论》(*The Theory of Moral Sentiments*) 中提出。这是亚当·斯密的第一部著作，其著作《国富论》更是众所周知。史密斯写道，我们都可以唤起那个"公正的、知识渊博的旁观者"，从而找到"我们内心的自我"。按照他的定义，这个旁观者就是从旁观者的角度客观地观察自身行为的能力，同时还要充分了解到我们的想法、情感和所处的环境。

杰弗里·施瓦兹博士则使用"公正的旁观者"这个概念来治疗强迫症患者，告诉他们要召唤"聪明的支持者"来帮助自己将强迫思维视为欺骗性的大脑信息。施瓦兹博士及其合著者丽贝卡·葛莱登认为，"聪明的支持者"是"你留心观察的思维，能够看到更全面的情

况，其中包括你内在的价值、你的能力和你的成就。'聪明的支持者'
清楚你在想什么，可以看到欺骗性的大脑信息是什么，又来自何处"。
强迫症患者们成功地学会了借助"聪明的支持者"来让自己成为不偏
不倚的旁观者。

其次，针对史密斯的"公正的旁观者"概念，现代心理学家们
事实上使用的是"自我疏离"这个词语。它是由研究人员伊桑·克
罗斯（Ethan Kross）和奥兹兰·阿杜克（Ozlem Ayduk）提出的。最
初，正是一次不用心的行为激发了伊桑·克罗斯去针对这个概念进行
调查研究。当时他意外地闯了红灯，他大声地责备了自己一番："伊
桑，你这个白痴！"此后，他听到了 NBA 超级巨星勒布朗·詹姆
斯（Lebron James）在 2010 年接受美国娱乐体育节目电视网（ESPN）
的采访。此前，勒布朗·詹姆斯决定离开家乡的克利夫兰骑士队
（Cleveland Cavaliers），加入迈阿密热火队（Miami Heat）。他的这个
决定让许多人感到无法接受，认为他太过冷酷无情。詹姆斯受到了猛
烈的攻击，球迷们焚烧了他的球衣。在采访中看到那些视频时，詹姆
斯说："我不想在做决定时感情用事。我希望从勒布朗·詹姆斯的利
益出发，让勒布朗·詹姆斯开心。"他在说这番话时没有用"我"，而
是从第三者的角度称呼自己的名字，这种转变让克罗斯想起自己在闯
红灯后的称呼变化，这让他非常好奇，在这种称呼的变化之中或许有
更多的东西值得挖掘，或许这也是改变个人观点的一种方式。事实是
否真的如此呢？

答案是肯定的。克罗斯和他在密歇根大学自我控制和情绪实验室
（Self- Control and Emotion Laboratory）的团队用一系列研究证实了这

一点。在一份研究中，他们采用了最能将挑战变成威胁的一种方法来让被试（大学生）感到紧张和焦虑。这种方法就是让被试在评委面前发言，不过没有充足的时间来进行准备。实验中，被试只有五分钟的时间进行准备，而且不能使用笔记。一组被试被告知在化解压力时要使用第一人称，例如，"我不应该这么紧张"，以及"我会没事的。"另一组学生则被告知要使用自己的名字或第三人称，例如，"马特，不要紧张，"或者是"你会做得很好。"评委们发现，后一组学生表现得更自信，言辞更具说服力，而且与第一组相比，被试自身感觉整个过程没那么丢脸了，也不需要太多沉思。克罗斯认为，当你将自己当作另一个人时，就可以给自己提供更客观和更有用的信息。

正如帕梅拉·温特劳布（Pamela Weintraub）在 2015 年 5 月出版的《今日心理学》（*Psychology Today*）中所说的："通过切换我们对自身的称呼方式，即采用第一人称或第三人称，我们就可以实现大脑皮层和杏仁核内的开关切换。大脑皮层是思维中心，而杏仁核是产生恐惧的地方。这种开关切换可以让我们进一步靠近或远离自我感知和情感强度。在心理上保持一定的距离可以让我们实现自我控制，清晰地进行思考，有效地采取行动。这种称呼的转换通常也能将沉思减至最少，而在我们完成任务后沉思是导致我们焦虑和沮丧的原因。没有了负面想法，我们就能有客观的判断力，可以全神贯注，为未来进行规划。"

自我疏离的强大力量

反抗塔利班

或许你曾看过在 2013 年的电视节目《每日秀》(*Daily Show*)上，马拉拉·尤萨夫扎伊(Malala Yousafzai)曾经让乔恩·斯图尔特(Jon Stewart)一时因震惊而说不出话来。当时她谈到在 14 岁时，一名塔利班士兵走进她所搭乘的公共汽车，用枪抵着她的头，然后准备扣动扳机。请大家注意她在"我"和"你"这两种称呼之间的切换：

我开始思考这个问题，我过去常常想到过有塔利班士兵会来，他会杀了我。但在当时我想："如果他来了，马拉拉，你要怎么办？"接着我自己回答："马拉拉，拿起鞋子打他。"但接着我又想："如果你用鞋子去打塔利班士兵，那你和塔利班士兵就没有区别了。你不能那样粗鲁残暴地对待他人，你必须与其他人进行战斗，但要通过和平的手段，通过对话和教育来进行战斗。"于是我想，我会告诉他教育有多么重要，而且"我甚至也想为你的孩子提供教育"。然后我会告诉他："那就是我想告诉你的事情，现在你想怎么做就怎么做吧。"

马拉拉在 2014 年荣获了诺贝尔和平奖，年仅 17 岁，是最年轻的诺贝尔奖得主。

自我疏离就像你到了一个遥远陌生的地方时的感受。访客实际上就是观察者，会很自然地相当留心一切，完全关注当下的情况，注意那些本地人认为理所当然的细节。我们很像是局外人，看着自己面对地方风俗不断地犯错，不断地摸索，为自己的愚笨暗自发笑，而不是紧张自己太过愚蠢，不能完全做到像本地人那样。我们会眼观六路、耳听八方。我们身处其中，但并没有融入其中，所以能够以更客观、更理性、更超然的态度来看自己。

远距效应

距离让思维更敏锐

你是否好奇过为什么其他人的问题似乎要比你的问题更容易解决？或许这只是因为你距离自身的问题太近了。

人们对创造性解决问题的"局外人效应"已经进行过研究，并且得出了相当有趣的结果，充分证实了该效应的存在。印第安纳大学（Indiana University）的研究人员希望了解在心理上让想象和所处环境保持一定距离会如何影响创造力。他们为两组大学生分配了一个创意练习，该练习名为"语言技巧任务"，即列出能想到的"交通运输方式"，越多越好。这个练习对时间没有限制，而且研究人员强调答案没有对错之分，"可以是大家司空见惯的方式，也可以是非同寻常的东西，或创造性的东西，哪样都可以"。

研究人员将参与者随机分为两组，一组是"空间遥远"，一组是"空间相近"。空间遥远小组被告知这个任务的设计者是一些参与印第安纳大学海外留学项目（Study Abroad Program）的希腊学生。空间相近小组则被告知这个任务是由印第安纳波利斯州印第安纳大学本地的学生设计的。

这种设置表面看来无关痛痒，却带来了天壤之别。相比被告知任务就是由附近学生设计的小组，被告知任务由希腊学生设计的小组最终列举出的交通运输方式数量超出很多，而且更具原创性。该研究论文写道："此外，相比那些认为该任务来自印第安纳波利斯的人，当参与者认为该任务来自希腊时，会表现出更强的认知灵活性。"

研究结果彰显了自我疏离的强大影响力：那些想象自己身处遥远陌生之地的人不会被自己对本地交通运输方式的了解所局限，可以自由地列举卡车、马车和机车，等等。想象自己在希腊到处游走，而不是简单地留在印第安纳波利斯。这点开拓了他们的思路，带来了局外人效应。

研究人员推断，就算是在最低程度上让自己在心理上远离问题源，也可以大幅推动创造性地解决问题。

当我问埃伦·兰格她在管理不用心方面最喜欢什么工具或技巧时，她的回答就是自我疏离。她一再重申，当面对某些让你感到紧张的事情时，警惕自己已经做出两个没有无根据的假设，即有事将会发生，而且当事情发生时，其结果将会摧毁你。请注意她对"你"和"你自己"的使用：

首先对你自己说，给你自己三个或者五个这件事不可能发生的理由，这样紧张程度立马就会降低，因为你从"它将会发生"转变成了"它可能会发生，也可能不会"。接着，要你自己列出三个或五个原因，说明为什么当它发生时会是一件好事。只要你提出了这个问题，那些理由就很容易找到。现在，你的想法已经从"这件事情将会发生，那太可怕了"变为了"这件事情可能会发生，也可能不会发生，但如果真的发生了，它将会同时带来好处和坏处"。这样我们在面对这个世界时就不会那么被动。你会积极响应，而不是被动回应。

在她向我传授这个简单的方法时，我回想起了自己多日前也曾深陷自我审查的问题之中。当时我正在思忖要怎样才能与埃伦·兰格进行交流，这种情况让我相当紧张，导致我不能专心地思考问题。我意识到自己必须通过上面那种方式来解决自己的难题。我要让自己远离自我审查的声音："等等，老兄，你不久前才和你的朋友兼导师罗杰·马丁讨论过不用心和正念，当时大家提到了埃伦·兰格的名字。你应该问问罗杰，他是否认识埃伦·兰格，或许他们两个最近是否谈过话。你也应该去问问卡琳·克里斯坦森（Karen Christensen）。"

卡琳·克里斯坦森现任多伦多大学商学院《罗特曼管理杂志》的总编。罗杰·马丁在多伦多大学商学院担任荣誉院长和教师，我也常常会为该院出力。事实证明，我只想对了一半。罗杰·马丁并不认识埃伦·兰格，但卡琳·克里斯坦森认识她，而且在 2008 年曾经代表期刊采访过她。卡琳不仅仅将那次采访的内容通过电子邮件发送给了我，同时还向埃伦·兰格引荐了我，并代表我提出了交谈请求。埃伦·兰格马上就回复了卡琳，同意和我进行交流。两天后，我成功和她进行了对话，就刚刚打败过我的不用心问题与她一起进行探究。如果不是有这次交流，那么大家现在读到的这篇关于自我审查的章节将会截然不同。

在我离开前，埃伦·兰格最后说了一番话，概括了赢得大脑游戏的关键所在。我也在本章结束时将那番话送给大家："当你意识到从不同的角度会看到不同的一面时，请选择那个角度。"

知识点

自我审查

我们会从错误中吸取经验教训。在这个过程中，我们的心理机制会自动审查我们当前和未来进行探索和创造的意愿，导致并强化一种不用心的状态。更加细心地观察当前的情况，从客观的局外人的角度去查看情况，这种正念状态能够让你用心思考，而那是赢得大脑游戏所必不可少的条件。

越狱游戏解答

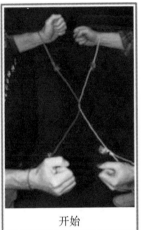

开始

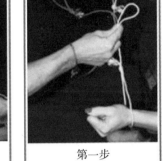

第一步

第二步

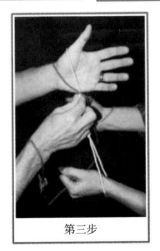

第三步

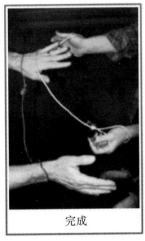

完成

脑筋急转弯问题解答

1. 一位失业女性没有驾照，在第一个路口时她没有按交通信号灯的指示停车，然后又没有看到单行线的标志，在只能单向通行的街道上逆行了三个街区。附近一位当班的警官看到了这个情况，但他并没有给这位女士发罚单。为什么？

   答案： 这位女性在步行。

2. 一位男子骑马周日出行，后骑马周日返回，走了整整 10 天，可是并没有跨越时区。请问这是怎么回事？

   答案： 马的名字就叫周日（Sunday）。

3. 一个男孩关掉了卧室的灯，然后在房间变暗之前上了床。如果床距离灯开关有 10 英尺（约合 3.05 米），而他没有使用任何绳子、电线或其他工具来帮助自己关灯，那么请问，他是怎么做到的？

   答案： 当时是白天。

4. 哈迪先生正在高层办公大楼擦玻璃。他突然滑倒了，从 60 英尺高（约合 18.29 米）的梯子上摔了下来，直接落在了楼下的水泥人行道上。但他奇迹般地没有受任何伤。请问这是怎么回事？

答案：哈迪先生当时站在梯子的最下面一级上。

5. 你知道下列字母存在什么规律吗?

A E F H I K L M N T V W X Y Z B C D G J O P Q R S U

答案：A 到 Z 是字母表中所有直线组成的字母，B 到 U 是字母表中曲线组成的字母。

6. 哪个英文单词可以与下列单词组成短语：shot、plate 和 broken?

答案：玻璃（Glass）。

7. 移动一根棍子，纠正这个罗马数字的算式：Ⅲ + Ⅲ = Ⅲ

答案：Ⅲ = Ⅲ = Ⅲ

8. 一个封闭的房间外有三个开关。房间内有三盏灯。你可以随意开启开关多次，而房间保持紧闭。此后，你只能进入房间一次，指出哪个开关控制哪盏灯。你要如何来做?

答案：打开第一个开关，等待一分钟，然后关掉。接着打开第二个开关。进入房间，触摸不亮的两个灯泡。发热的灯泡是由第一个开关控制的，亮着的灯泡由第二个开关控制，另一个则由第三个开关控制。

9. 有人找到一位古币商，要卖给他一枚漂亮的铜币。这枚铜币一面是国王的头像，另一面刻着公元前 544 年（544 BC）的日期。古币商检查了铜币，但拒绝购买该铜币，并且报警。为什么?

答案：在公元前 544 年尚且不知道耶稣（Christ）会在 544 年后出生，所以古币上不可能会刻上公元前的字样。

10. 朱丽叶和詹尼弗同年同月同日生，而且同父同母，但她们两个不是双胞胎，为什么？

答案：她们是三胞胎中的两个，或者是任何除双胞胎之外的多胞胎中的两个。

11. 你可以重新调整 n-e-w-d-o-o-r 的顺序，将它们组合成一个英文单词（one word）吗？

答案：One word。

12. 一位囚犯想从塔楼内逃走。他在自己的隔间里找到一段绳子，但长度不够，距离安全落到地上还差了一半。他将这段绳子弄成了长度相同的两根，再将这两根系在一起，然后逃走了。请问他是如何做到的？

答案：他将绳子纵向分成了两根。

13. 一个巨大的钢质倒金字塔靠塔尖稳稳倒立。只要碰一下这个金字塔，它就会倒下来。在金字塔的塔尖下面放着一张 100 美元的钞票。你要如何去掉钞票，同时又不让金字塔倒掉？

答案：将钞票撕烂、剪开或者烧掉。

14. 下面这辆公共汽车的车头是朝左还是朝右？

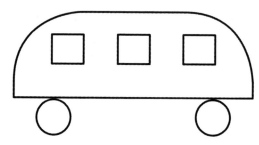

答案： 因为图中没有车门，所以车头朝左。

15. 请移动三个圆圈的位置，将这个三角形转动180度，变为朝下。

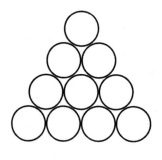 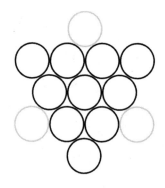

北京阅想时代文化发展有限责任公司为中国人民大学出版社有限公司下属的商业新知事业部，致力于经管类优秀出版物（外版书为主）的策划及出版，主要涉及经济管理、金融、投资理财、心理学、成功励志、生活等出版领域，下设"阅想·商业""阅想·财富""阅想·新知""阅想·心理""阅想·生活"以及"阅想·人文"等多条产品线，致力于为国内商业人士提供涵盖先进、前沿的管理理念和思想的专业类图书和趋势类图书，同时也为满足商业人士的内心诉求，打造一系列提倡心理和生活健康的心理学图书和生活管理类图书。

《决策与判断：走出无意识偏见的心理误区》

- 从心理学层面揭示决策的过程，发现那些看似理性的非理性行为背后的认知偏见与陷阱，帮助我们避免做出错误的决定。
- 决策与判断的失败往往比成功更有启发性，而决策的质量通常比决策本身更重要。

《高效思考：成功思维训练法》

- 打破思维的壁垒，让你的每一次决策更加准确、有效。
- 对大脑进行科学训练，让你成为高智商人士。
- 借助分析性思考、提问式思考、综合思考、平行思考、创造性思考、水平思考等模式，使你的思维变得更具创造性，让你学会用强大的新方式思考和解决问题，同时带给你无限的创新机会。